全国中等职业技术学校物业管理与维修专业教材

JIPAISHUI SHEBEI GUANLI YU WEIXIU

赵继洪 主编

给排水设备管理与维修

（第二版）

人力资源和社会保障部教材办公室组织编写

中国劳动社会保障出版社

图书在版编目(CIP)数据

给排水设备管理与维修/赵继洪主编. —2 版. —北京：中国劳动社会保障出版社，2015

全国中等职业技术学校物业管理与维修专业教材

ISBN 978-7-5167-1660-1

Ⅰ.①给… Ⅱ.①赵… Ⅲ.①给水设备-设备管理-中等专业学校-教材②给水设备-维修-中等专业学校-教材③排水设备-设备管理-中等专业学校-教材④排水设备-维修-中等专业学校-教材 Ⅳ.①TU96

中国版本图书馆 CIP 数据核字(2015)第 056155 号

中国劳动社会保障出版社出版发行

（北京市惠新东街 1 号　邮政编码：100029）

*

北京昌联印刷有限公司印刷装订　　新华书店经销

787 毫米×1092 毫米　16 开本　10.75 印张　190 千字

2015 年 3 月第 2 版　　2025 年 8 月第 4 次印刷

定价：19.00 元

营销中心电话：400-606-6496

出版社网址：http://www.class.com.cn

http://jg.class.com.cn

前　言

全国中等职业技术学校物业管理与维修专业教材自出版以来，在中等职业技术学校教学中发挥了重要作用，受到了广大师生的好评。近年来，随着国民经济的发展和城市建设的加快，我国物业管理行业进入了一个新的发展阶段，物业企业的运营模式、服务流程、管理质量等不断向标准化、专业化、信息化的方向发展。为了培养更加适合物业企业需求的中级技能人才，我们组织一批教学经验丰富、实践能力强的教师与行业、企业的专家，在充分调研的基础上，对第一版教材进行了修订和补充。

本次修订的教材包括：《物业管理概论（第二版）》《房地产概论（第二版）》《公共关系实务（第二版）》《物业环境管理（第二版）》《给排水设备管理与维修（第二版）》《暖通空调设备管理与维修（第二版）》《物业电工（第二版）》。在修订教材的同时，我们还针对教学实际需求，新开发了《楼宇智能化设备应用》和《房屋维修与管理》。

本次教材修订（开发）工作的重点主要体现在以下几个方面：

第一，突出教材的实用性。根据物业企业的工作实际和物业管理员国家职业标准，调整了相关教材的结构和内容，本着“学以致用”的原则，突出对学生实际操作能力的培养。

第二，突出教材的先进性。根据物业企业的现状和发展趋势，在教材中尽可能多地体现了新设备、新技术、新方法，以期缩短学校教育和企业岗位需求的距离。

第三，突出教材的可读性。在教材编写上，力求文字表达通俗易懂，并较多地采用以图代文、以表代文的表现形式，以降低学生的学习难度，激发学生的学习兴趣。

第四，突出教材的易用性。本套教材配有电子教案，便于教师教学工作的开展，以达到优化课堂教学结构、提高课堂教学效率的目的。

本套教材的编写工作得到了有关省、市人力资源和社会保障部门以及一批中等职业技术学校的大力支持，教材编审人员做了大量的工作，在此，我们表示衷心的感谢。同时，恳切希望广大读者对教材提出宝贵的意见和建议。

人力资源和社会保障部教材办公室

简　介

本书为国家级职业教育规划教材，由人力资源和社会保障部教材办公室组织编写。

本书根据中等职业技术学校物业管理与维修专业的教学实际，重点讲述了物业给排水设备系统的基本知识和维修管理操作，主要内容包括：给排水设备系统概述、室外给水系统管理与维修、室内给水系统管理与维修、室内排水系统管理与维修、室外排水系统管理与维修等。

本书由赵继洪任主编，赵秋军任副主编，孙海英、倪金会、贾彩金参加编写，古燕营审稿。

目　录

第1章　给排水设备系统概述

水是人类生存的基本要素，也是物业使用功能的保障条件之一。因此物业区域内给排水设备系统工作是否正常，将直接影响使用人的工作、生活和物业功能的发挥。本章简要介绍给排水设备系统、给排水设备系统的管理内容、给排水设备系统管理机构及职责、给排水设备系统管理的范围界定。

一、给排水设备系统的组成

给排水设备系统是指物业区域内的各种冷水、热水、开水供应和污水排放等工程设施的总称，主要包括给水设备系统、排水设备系统、用水设备系统、热水供应设备系统和消防设备系统等。

1. 给水设备系统

给水设备系统是指物业区域内通过城市供水管网，连入小区内的供水设备系统，可以划分为物业管理小区内的庭院给水及房屋或构筑物内部给水两大部分，其中涉及的设备设施主要有供水箱、供水泵、水表、供水管网等。

供水系统按照用途分类，基本上可以分为生活用水、生产用水、消防用水三大类，但这三类用水并不一定单独设置给水系统。有时会将生活和消防给水共用一个给水系统，或生活、生产、消防共用一个给水系统，这种系统形式称为联合给水系统。一般来讲，要按用户（用水设备）对水质、水温及小区外城市管网的给水情况，综合考虑技术、经济和安全条件，确定合适的给水方式。

2. 排水设备系统

排水设备系统是指小区内用来排除污废水及雨雪水的设备系统，同样划分为房屋或构筑物内部污废水、雨雪水排放和物业管理小区内庭院的污废水、雨雪水排放两大部分。其中主要包括室内排水管道、通气管、清通设备、抽升设备、室外小区检查井和排水管道等。

排水系统按照所接收的污废水的性质不同，分为生活污水、工业废水、雨水管道三大类。排水体制有分流制和合流制，三类水共用一套管网排放称为合流制，三类水分别排放称为分流制。具体采用何种排水体制，要根据污废水的性质、浓度及城市管网的排水体制而定。

3. 用水设备系统

用水设备系统指建筑物或构筑物内各类卫生器具和生产用水设备，包括洗脸盆、洗浴盆、便器、喷头等。

4. 热水供应设备系统

热水供应通常包括开水供应、热水供应，主要包括淋浴器、供热水管道、热循环管、热水表、加热器、温度调节器、减压阀等，是为满足对水温的某些特定要求而设置的设备系统。

5. 消防设备系统

消防设备系统是指建筑物或构筑物内的消防设备系统及物业管理小区庭院内的消防设备系统，主要包括消防箱、供水箱、各式消防喷头、消火栓、消防泵等，如图 1—1 所示。

a）　　b）　　c）

图 1—1　消防设备系统

a）消火栓　b）消防泵　c）消防喷头

二、给排水设备系统的管理内容

给排水设备系统管理主要针对给排水系统中所涉及的各种设备及管道等的日常操作运行、维护等管理活动，主要包括以下几个方面：

1. 给排水设备系统的基础资料管理

给排水设备系统的基础资料管理的主要内容是建立给排水设备系统管理原始资料档案和设备维修资料档案。给排水设备系统（包括采暖、空调等）接管后均应建立原始资料档案。这类档案资料主要有：产品与配套件的合格证、竣工图、给排水设备的检验合格证书、供水的试压报告等。建立设备卡片，应记录有关设备的各项明细资料，如给排水设备类别、型号、名称、规格、技术特征、开始使用日期等。给排水设备系统的维修档案资料如下：

（1）报修单。每次维修填写的报修单，按月、季统计装订，维修管理部门负责保管以备存查。值班人员每天填写设备运行记录，以备存查。

（2）检查记录。平时的设备检查记录。

（3）运行月报。管理部门每月上报一次运行情况总结。

（4）考评资料。定期或不定期检查并记录奖罚情况，每年归纳汇总、装订保存。

（5）技术革新资料。设备运行的改进、设备更新、技术改进措施等资料，均为给排水设备系统维修资料档案管理内容。

2. 给排水设备系统的日常操作管理

给排水设备系统的日常操作管理主要是规范给排水设备的操作程序，确保正确安全地操作给排水设备系统。

3. 给排水设备系统的运行管理

给排水设备系统运行管理是建立合理的运行制度和运行操作规定，确保给排水设备系统运行良好。

4. 给排水设备系统的维修养护管理

给排水设备系统的维修养护管理是根据给排水设备系统的性能按照一定的科学管理程序和制度，以一定的技术管理要求，对设备进行日常养护和维修更新，确保给排水设备设施性能良好。

5. 文明安全管理

文明安全管理是对给排水设备系统的运行操作、使用进行文明安全管理，定期检查操作人员、维修人员的安全操作，并进行安全作业训练，还要建立安全责任制和对用户进行安全教育，宣传一些安全规范的使用知识。

三、给排水设备系统管理机构及职责

给排水设备系统的维修、保养、日常操作及运行管理工作一般由物业公司工程部完成。

1. 运行组人员的职责

负责对所管辖范围内机电设备的运行，处理一般性故障，协助维修组人员进行设备设施的维修保养工作，对发生的问题及时向管理组或经理汇报，必须对所管辖范围内供水及设备情况有详尽了解；掌握相关设备的操作程序和应急处理措施；定时巡视设备运行情况，并做好巡查记录和值班记录；记录维修投诉情况，并及时处理；保持值班室、设备及水泵房等清洁有序；负责设备房的安全管理工作，禁止非工作人员进入，做好防水、防火、防小动物的安全管理工作；遇突发事故，采取应急措施，迅速通知相关人员处理等。

2. 维修组人员的职责

熟练掌握设备的结构、性能、特点和维修保养方法；按时完成设备的各项维修、保养工作，并做好有关记录；保证设备与机房的整洁；严格遵守安全操作规程，防止发生事故；发生突发情况，应迅速采取应急措施，保证设备的正常完好；定期对设备巡视、检查，发现问题及时处理等。

3. 管理组人员的职责

具体负责总值班室、仓库和财务管理；负责内务管理和对外协调；负责人员、车辆、材料、经费的统一调度和使用管理；负责工具和材料的采购、保管和发放；负责文件资料的保管、建档和发放；负责组织人员进行安全技术和质量意识培训等工作。

为了提高工程部的工作效率，确保各种设备的运行、维修和保养工作有序开展，并保证紧急情况下及时派遣人员到达现场，在工程部下可设总值班室。总值班室每天 24 h 全天值班，各设备的故障情况均应报总值班室，以便总值班室依照工程部经理和管理组的指示合理安排人员抢修。

四、给排水设备系统管理的范围界定

物业公司应与市政的给水、排水等专业管理部门明确各自的管理职责，相互分工、通力合作。以北京市为例，居住小区物业公司与城市各专业管理部门职责分工如下：

1. 给水设备

高层楼宇以楼内供水泵房总计费水表为界，多层楼房以楼外自来水表为界。界线以外（含计费水表）的供水管线的设备，由城市供水部门负责维护管理，界线以内至用户的供水管线及设备由物业公司负责维护、管理。

2. 排水设备

室内排水系统由物业公司维护管理。居住小区内道路和市政排水设施的管理职责以 3.5 m 路宽为界，凡道路宽度为 3.5 m（含 3.5 m）以上的，其道路和埋设在道路下的市政排水设施由城市市政管理部门负责维护、管理；道路宽度为 3.5 m 以下的由物业公司负责维护管理，居住小区内各种地下设施检查井的维护管理，由地下设施检查井的产权单位负责，有关产权单位也可委托物业公司进行维护、管理。

凡对各管理小区内设备系统的管理范围，没有统一规定的，具体管理范围应由市政给水、排水有关部门，管理小区产权单位和物业公司遵照国家的有关规定协商确定。

思考与练习

1. 给排水系统主要包括哪些?
2. 供水设备系统可以分为哪些类型?
3. 简述排水系统的类型和组成。
4. 用水设备主要有哪些 ?
5. 给排水设备系统管理的主要内容有哪些?
6. 给排水设备设施的基础资料管理的主要内容是什么?
7. 给排水运行组人员的主要职责有哪些?
8. 给排水维修组人员的主要职责有哪些?

第 2 章　室外给水系统管理与维修

室外给水系统是指供应城镇、工矿企业、交通运输、农业生产等部门的生产、生活和消防室外给水系统。为维持管网的正常工作，保证安全供水，必须做好日常的给水管网的维护和管理工作。本章主要介绍室外给水系统的组成、水净化处理的方法、小区给水系统与居住小区给水方式、小区给水管道布置的原则要求、室外管网检漏防腐除垢操作等内容。

第 1 节　室外给水系统及管网维护

室外给水系统是保证城市、工矿企业等用水的各项构筑物和输配水管网的系统，在给水过程中，要做到既经济合理又安全可靠，以保证各种用水对象在水量、水质和水压方面的要求。

一、室外给水系统的组成

室外给水系统通常由取水构筑物、净水构筑物、调节构筑物和输配水管网、泵站等组成。

1. 取水构筑物

取水构筑物指自地面水源或地下水源取水的构筑物，其中包括取水泵站，图 2—1—1 所示为从地面水源取水，图 2—1—2 所示为取水泵站。

2. 净水构筑物

净水构筑物是对从取水构筑物送来的原水进行净化处理，使其符合供水水质标准的构筑物，其中包括送水泵站，图 2—1—3 所示为自来水厂的净水过程。

图 2—1—1　从地面水源取水

图 2—1—2　取水泵站

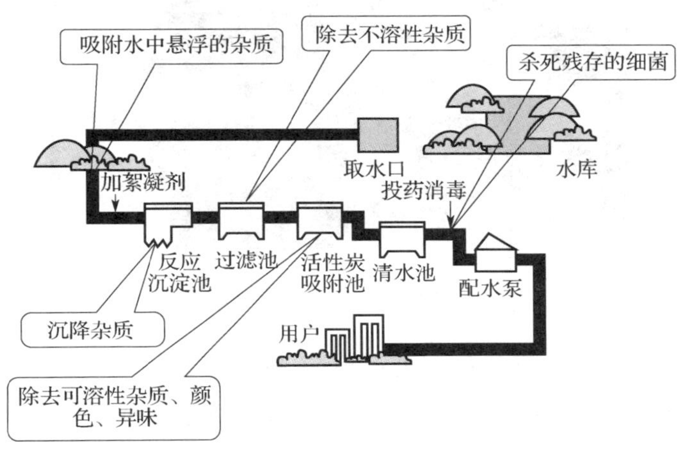

图 2—1—3　自来水厂的净水过程

3. 调节构筑物

调节构筑物是收集、储备和调节水量的构筑物，包括清水池、水塔或高位水池等。如图 2—1—4 所示，水塔起蓄水作用，有些还是水厂的一个重要组成部分。水塔是用于储水和配水的高层结构，用来保持和调节给水管网中的水量和水压，主要由水柜、基础和连接两者的支筒或支架组成。在工业与民用建筑中，水塔是一种比较常见而又特殊的建筑物。其施工需要特别精心和讲究技艺，如果施工质量不好，轻则造成永久性渗漏水，重则报废不能使用。

图 2—1—4　水塔

4. 输配水管网

输水管是将原水送到水厂，将清水由水厂送到管网，管网则是将处理后的清水送到各个给水区的各个管道。

5. 泵站

用以将所需水量提升到要求的高度，可分抽取原水的一级泵站、输送清水的二级泵站和设于管网中的增压泵站等，图 2—1—5 所示为二级泵站。

图 2—1—5　二级泵站

图 2—1—6 所示为以地面水为水源的给水系统，图 2—1—7 所示为以地下水为水源的给水系统。图 2—1—8 和图 2—1—9 所示为水源来自城市自来水居住小区常用的给水系统。

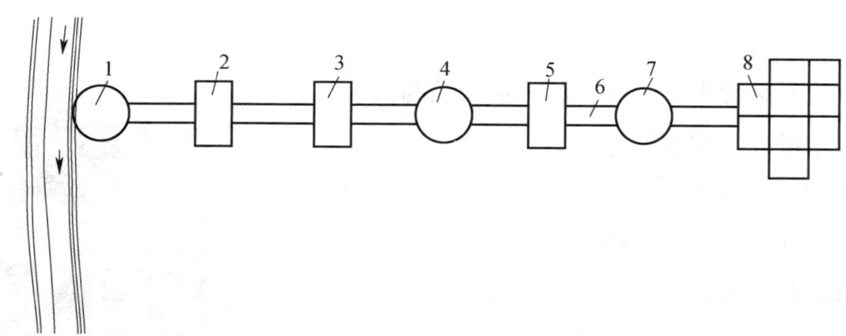

图 2—1—6　以地面水为水源的给水系统

1—集水井　2—一级泵站　3—净水构筑物　4—清水池

5—二级泵站　6—输水管　7—水塔　8—配水管网

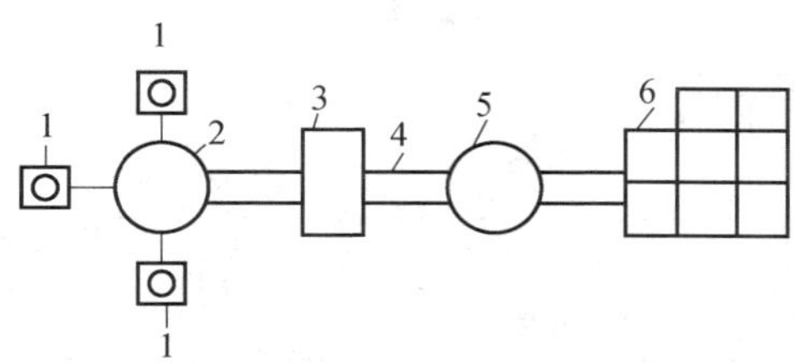

图 2—1—7　以地下水为水源的给水系统

1—深井泵站　2—清水池　3—二级泵站　4—输水管

5—水塔　6—配水管网

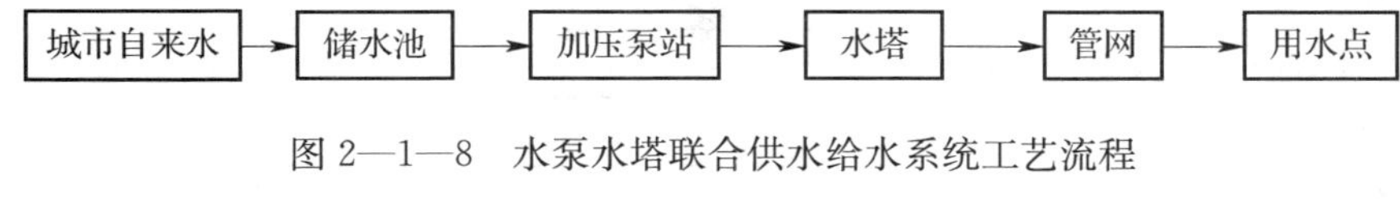

图 2—1—8　水泵水塔联合供水给水系统工艺流程

图 2—1—9　变频恒压供水给水系统工艺流程

如果地下水水质良好，一般只经过简单消毒，便可送入城市管网，所以没有净水构筑物。但如果某个地区的地下水含有较多的杂质，水质达不到饮用水水质标准，这样的地下水就要经过处理。

室外给水系统按水源种类分为地表水（江河、湖泊、蓄水库、海洋等）和地下水（浅层地下水、深层地下水、泉水等）给水系统；按使用目的分为生活用水给水系统、生产用水给水系统和消防给水系统；按供水方式分为自流系统（重力供水）、水泵供水系统（压力供水）和混合供水系统；按服务对象分为城市给水系统和工业给水系统。在工业给水系统中，又分为循环系统和复用系统。

二、水的净化处理

水源在形成过程中会受到各类污染，如果不经处理，一方面会将某些杂质转移到生产设备或产品中，影响生产的正常进行和产品的质量；另一方面，作为生活饮用水，往往由于水中致病细菌或有毒杂质的存在而危害人的健康。因此必须对水进行净化处理，提高给水的质量，以符合各种使用要求。作为生活饮用水，必须符合《生活饮用水卫生标准》（GB 5749—2006），见表 2—1—1。

表 2—1—1　　生活饮用水卫生标准（GB 5749—2006）

指　　标	限　　值
1. 微生物指标[①]	
总大肠菌群（MPN/100 mL 或 CFU/100 mL）	不得检出
耐热大肠菌群（MPN/100 mL 或 CFU/100 mL）	不得检出
大肠埃希氏菌（MPN/100 mL 或 CFU/100 mL）	不得检出
菌落总数（CFU/mL）	100
2. 毒理指标	
砷（mg/L）	0.01
镉（mg/L）	0.005
铬（六价，mg/L）	0.05
铅（mg/L）	0.01
汞（mg/L）	0.001
硒（mg/L）	0.01
氰化物（mg/L）	0.05
氟化物（mg/L）	1.0
硝酸盐（以 N 计，mg/L）	10 地下水源限制时为 20
三氯甲烷（mg/L）	0.06
四氯化碳（mg/L）	0.002
溴酸盐（使用臭氧时，mg/L）	0.01
甲醛（使用臭氧时，mg/L）	0.9
亚氯酸盐（使用二氧化氯消毒时，mg/L）	0.7
氯酸盐（使用复合二氧化氯消毒时，mg/L）	0.7
3. 感官性状和一般化学指标	
色度（铂钴色度单位）	15
混浊度（NTU一散射浊度单位）	1 水源与净水技术条件限制时为 3
臭和味	无异臭、异味
肉眼可见物	无
pH（pH 单位）	不小于 6.5 且不大于 8.5
铝（mg/L）	0.2
铁（mg/L）	0.3
锰（mg/L）	0.1
铜（mg/L）	1.0

续表

指　　标	限　　值
锌（mg/L）	1.0
氯化物（mg/L）	250
硫酸盐（mg/L）	250
溶解性总固体（mg/L）	1 000
总硬度（以 $CaCO_3$ 计，mg/L）	450
耗氧量（COD_{Mn}法，以 O_2 计，mg/L）	3 水源限制，原水耗氧量＞6 mg/L 时为 5
挥发酚类（以苯酚计，mg/L）	0.002
阴离子合成洗涤剂（mg/L）	0.3
4. 放射性指标②	指导值
总 α 放射性（Bq/L）	0.5
总 β 放射性（Bq/L）	1

①MPN 表示最可能数；CFU 表示菌落形成单位。当水样检出总大肠菌群时，应进一步检验大肠埃希氏菌或耐热大肠菌群；水样未检出总大肠菌群，不必检验大肠埃希氏菌或耐热大肠菌群。

②放射性指标超过指导值，应进行核素分析和评价，判定能否饮用。

给水处理的任务是通过必要的处理方法去除水中杂质，使之符合生活饮用或工业使用所要求的水质。给水净化的方法主要有澄清、消毒、除臭和除味、除铁、软化、除盐等。这几种水处理方法既可单独采用，也可结合使用，以满足不同的使用要求。

1. 澄清

澄清的处理对象主要是水中的悬浮物和胶体杂质。澄清工艺通常包括混凝、沉淀及过滤。原水加药后，经混凝使水中悬浮物和胶体形成大颗粒絮凝体，而后通过沉淀池进行重力分离。澄清池是絮凝和沉淀综合于一体的构筑物。过滤是利用粒状滤料截留水中杂质的构筑物，常置于混凝和沉淀构筑物之后，用以进一步降低水的混浊度。完善而有效的混凝、沉淀和过滤，不仅能有效地降低水的混浊度，对水中某些有机物、细菌及病毒等的去除也有一定效果。根据原水水质不同，在上述澄清工艺系统中还可适当增加或减少某些处理构筑物。图 2—1—10 所示为沉淀池，图 2—1—11 所示为机械加速澄清池。

2. 消毒

消毒的处理对象是水中的致病微生物，通常在过滤以后进行。主要消毒方法是在水中投入氯气、漂白粉或其他消毒剂杀灭致病微生物。也有采用臭氧或紫外线照射等方法进行消毒的。在各种消毒方法中，氯气消毒法使用最为普遍。

图 2—1—10　沉淀池

图 2—1—11　机械加速澄清池

3. 除臭和除味

除臭和除味的方法取决于水中臭和味的来源。如水中有机物所产生的臭和味，可用活性炭吸附，投加氧化剂进行氧化或采用曝气法去除；因藻类繁殖而产生的臭和味，可在水中投入硫酸铜以去除藻类；因溶解盐而产生的臭和味，应采用除盐措施。

4. 除铁

除铁的处理对象是水中溶解性的二价铁 Fe^{2+}。除铁方法主要有天然锰砂接触氧化法和自然氧化法，前者通常设置曝气装置和锰砂滤池；后者通常设置曝气装置、反应沉淀池和砂滤池，二价铁通过上述设备转变成三价铁沉淀物而被滤池所截留。

5. 软化

软化的处理对象主要是水中的钙、镁离子。软化方法主要有离子交换法和药剂软化法，前者使水中的钙、镁离子与交换剂上的离子互相交换以达到去除的目的，后者是在水中投入药剂如石灰或苏打以使钙、镁离子转变为沉淀物而从水中分离出去。

6. 除盐

除盐的处理对象是水中的各种溶解盐类，包括阴、阳离子。除盐方法主要有蒸馏法、离子交换法、电渗析法及反渗透法等。

蒸馏法除盐技术是利用水沸点较低易蒸发、盐沸点较高的特性将水盐分离，得到高纯度除盐水的技术；离子交换法需经过阳离子交换剂和阴离子交换剂两种交换过程；电渗析法是利用阴、阳离子交换膜能够分别透过阴、阳离子的特性，在外加直流电场作用下，使水中阴、阳离子被分离出来；反渗透法是将高于渗透压的压力施于含盐水，以使水通过半渗透膜而使盐类离子被阻留下来。

三、居住小区给水系统与居住小区给水方式

1. 居住小区给水系统

居住小区给水系统根据小区的特点不同一般有低压统一给水系统、分压给水系统、分质给水系统、调蓄增压给水系统四种类型，见表 2—1—2。

表 2—1—2　　居住小区给水系统类型

序号	给水系统类型	特点和适用范围说明
1	低压统一给水系统	一般多层建筑的居住小区应首先考虑采用低压统一给水系统。按防火规范要求，多层建筑群体中，也只有部分建筑应设室内消防给水系统，其余部分用室外消火栓通过消防车加压灭火。生活给水系统和消防给水系统都不需要过高的水压，两种给水系统的压力也往往相近，并且都属于低压范围
2	分压给水系统	高层建筑和多层建筑混合的居住小区内，高层建筑和多层建筑所需压力显然差别较大，为了节能，该混合区应采用分压给水系统
3	分质给水系统	在严重缺水或无合格原水的地区，为了充分利用当地的水资源，降低水质净化成本，将冲洗、绿化、浇洒道路等项目用水水质要求低的水量从生活用水量中区分出来，确立分质给水系统
4	调蓄增压给水系统	高层和多层建筑混合居住区，其中为低层建筑所设的给水系统，也可对高层建筑的较低楼层供水，但是高层建筑超出低层建筑的部分，无论是生活给水还是消防给水，一般都必须调蓄增压，即设水池和水泵进行增压供水 (1) 分散调蓄增压是指高层建筑幢数只有一幢或幢数不多，但各幢的供水压力要求差异很大，每一幢建筑单独设置水池和水泵的增压给水系统 (2) 分片集中调蓄增压是指小区内相近的若干幢建筑分片共用一套水池和水泵的增压给水系统 (3) 集中调蓄增压是指小区内全部高层建筑共用一套水池和水泵的增压给水系统

2. 居住小区给水方式

居住小区常用的给水方式有直接给水方式、设有高位水箱的给水方式、小区集中或分散加压的给水方式三种，见表2—1—3，每种方式各有优缺点，选择时应根据当地水源条件，按安全、卫生、经济原则综合评价确定。

表2—1—3　　居住小区常用的给水方式

序号	给水方式类型	特点和适用范围说明
1	直接给水方式	从能耗、运行管理、供水水质及接管施工等各方面比较都是最理想的，是首选方式。城镇给水管网的水量、水压能满足小区给水要求时，应采用直接给水方式
2	设有高位水箱的给水方式	具有直接供水给水方式的大部分优点，但是，在设计、施工和运行管理中应注意，避免水质的二次污染，当水箱布置在屋顶时，应有一定的冬季防冻措施。城镇给水管网的水量、水压周期性不足时，应采用该方式。可在小区集中设水塔或分散设水箱
3	小区集中或分散加压的给水方式	城镇给水管网供水量、水压经常性不足时，应采用小区集中或分散加压的给水方式。该种给水方式又分为： （1）水池—水泵—水塔 （2）水池—水泵—气压罐 （3）水池—变频调速水泵 （4）水池—变频调速水泵和气压罐组合 （5）水池—水泵—水箱 （6）水池—水泵 （7）管道泵直接抽水—水箱

四、居住小区给水管道布置的原则和要求

小区给水管网是由接户管（指布置在建筑物周围，直接与建筑物引入管相接的给水管道）、小区给水支管（指布置在居住组团内道路下与接户管相接的给水管道）和小区给水干管（指布置在小区道路或城市道路下与小区支管相接的给水管道）组成。居住小区给水管道的布置要遵循以下原则：

1. 小区干管应布置成环状或与城镇给水管道连成环网，小区支管和接户管可布置成枝状。

2. 小区干管宜沿用水量较大的地段布置，以最短距离向大量用户供水。

3. 给水管道宜与道路中心线或主要建筑物呈平行敷设，并尽量减少与其他管道的交叉。

4. 给水管道与其他管道平行或交叉敷设的净距，应根据管道的类型、埋深、施工检修的相互影响、管道上附属构筑物的大小和当地有关规定等条件确定，见表 2—1—4。

表 2—1—4　　地下管线（构筑物）间最小净距

种类＼净距(m)＼种类	给水管		污水管		雨水管	
	水平	垂直	水平	垂直	水平	垂直
给水管	0.5～1.0	0.1～0.15	0.8～1.5	0.1～0.15	0.8～1.5	0.1～0.15
污水管	0.8～1.0	0.1～0.15	0.8～1.5	0.1～0.15	0.8～1.5	0.1～0.15
雨水管	0.8～1.5	0.1～0.15	0.8～1.5	0.1～0.15	0.8～1.5	0.1～0.15
低压煤气管	0.5～1.0	0.1～0.15	1.0	0.1～0.15	1.0	0.1～0.15
直埋式热水管	1.0	0.1～0.15	1.0	0.1～0.15	1.0	0.1～0.15
热力管沟	0.5～1.0		1.0		1.0	
乔木中心	1.0		1.5		1.5	
电力电缆	1.0	直埋 0.5 穿管 0.25	1.0	直埋 0.5 穿管 0.25	1.0	直埋 0.5 穿管 0.25
通信电缆	1.0	直埋 0.5 穿管 0.15	1.0	直埋 0.5 穿管 0.5	1.0	直埋 0.5 穿管 0.15
通信及照明电焊	0.5		1.0		1.0	

注：净距指管外壁距离，管道交叉设套管时指套管外壁距离，直埋式热力管指保温壳外壁距离。

5. 给水管道与建筑物基础的水平净距：管径为 100～150 mm 时，不宜小于 1.5 m；管径为 50～75 mm 时，不宜小于 1.0 m。

6. 生活给水管道与污水管道交叉时，给水管应敷设在污水管道上面，且不应有接口重叠；当给水管道敷设在污水管道下面时，给水管的接口离污水管的水平净距不宜小于 1.0 m。

7. 给水管道的埋设深度，应根据土层的冰冻深度、外部荷载、管材强度、与其他管道交叉等因素确定。

五、维持管网水质

管网中出现红水、黄水和浑水，水发臭，色度增高等现象，其原因除了出厂水质指标不合格外，还可能因水管中的积垢在水流冲击下脱落，管线尽端的水流停滞，或管网边远地区的余氯不足而致细菌繁殖等引起。为保持管网的正常水量和水质，除了提高出厂水水质外，还应采取以下措施：

1. 通过给水栓、消火栓和放水管，定期放去管网中的部分“死水”，并借此冲洗水管。

2. 长期未用的管线或管线尽端，在恢复使用时必须冲洗干净。

3. 管线延伸过长时，应在管网中途加氯，以提高管网边缘地区的剩余氯量，防止细菌繁殖。

4. 尽量采用非金属管道，定期对金属管道清垢、刮管和衬涂水管内壁，以保证管线输水能力不致明显下降。

5. 无论在新敷管线竣工后，或旧管线检修后均应冲洗消毒。消毒之前先用高速水流冲洗水管，然后用 20～30 mg/L 的漂白粉溶液浸泡水管一昼夜以上，再用清水冲洗，同时连续测定排出水的浊度和细菌，直到合格为止。

6. 定期清洗水塔、水池和屋顶高位水箱。

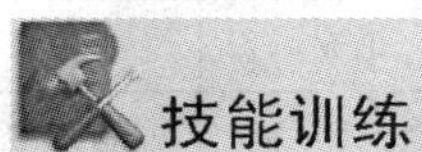

管网的维护

为了维持管网的正常工作，保证安全供水，必须做好日常的管网养护管理工作，内容包括：建立技术档案，检漏和修漏，水管清垢和防腐蚀，用户接管的安装、清洗和防冰冻，管网事故抢修，检修阀门、消火栓、流量计和水表等。

为了做好上述工作，必须熟悉管线的情况、各项设备的安装部位和性能、用户接管的位置等，以便及时处理。平时要准备好各种管材、阀门、配件和修理工具等，便于抢修时使用。

1. 室外管网的检漏

检漏是管线管理部门的一项日常工作。减少漏水量既可节约用水，降低给水成本，也等于新辟水源，经济意义是很大的。位于大孔性土壤地区的一些城市，如有漏水，不但浪费水，而且影响建筑物基础的稳固。

引起漏水的原因很多。例如：因水管质量差或使用期长而破损；由于管线接头不密实或基础不平整引起的损伤；因使用不当如阀门关闭过快产生水锤以致破坏管线；因阀门锈蚀、阀门磨损或污物嵌住无法关紧等，都会有或多或少的漏水现象出现，如图 2—1—12 所示。

(1) 检漏工作流程

检漏工作流程如图 2—1—13 所示，分为前期准备工作、水平衡调查、预定位、精定位、检查确认、开挖维修和提交报告等几个环节。

a）　　b）

图 2—1—12　管网漏水类型

a）管线接头不密实引起的漏水　b）水管质量差或使用期长而破损

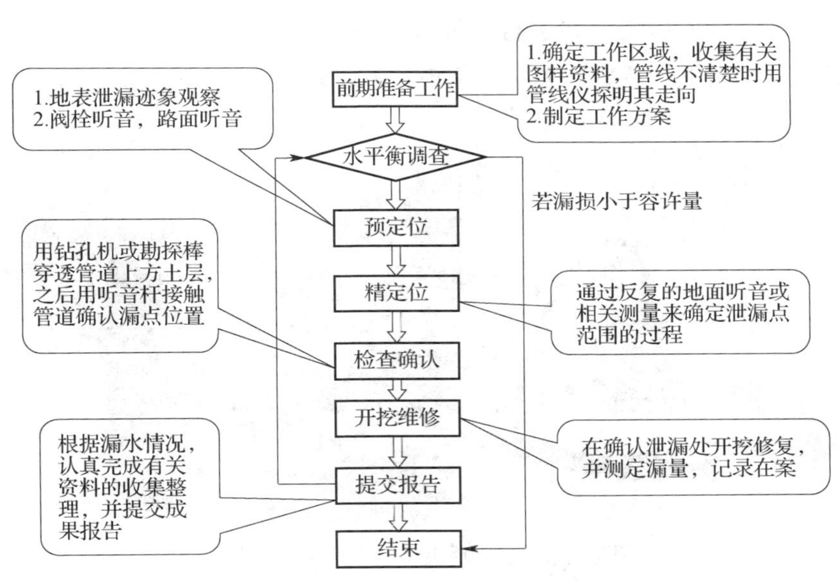

图 2—1—13　检漏工作流程

（2）检漏的方法

检漏的方法很多，如直接观察、听漏、分区检漏及间接测定等，可根据具体条件选用。

1）直接观察法。直接观察法是从地面上观察漏水现象，如图 2—1—14 所示。如路面或河岸边有清水渗出，排水窨井中有清水流出，局部路面下沉，路面积雪局部融化，晴天出现湿润的路面或旱季某些地方树木花草特别茂盛等。

图 2—1—14　直接从地面上观察漏水现象

2）听漏法。听漏法是常用的检漏方法，如图 2—1—15 所示。即利用管道漏水声的振荡，用听漏棒或听漏器及电子检漏器等仪表与欲检查的位置或闸阀等接触，漏水声通过听漏棒或电子检漏器的放大器转变为电信号，从耳机中听到漏水声，由声音的大小确定漏水的位置。听漏时应沿管线进行，听漏点视情况和经验而定。由于白天车辆行人多，噪声较大，听漏工作易受干扰，检漏工作宜在夜间进行。确定漏水位置后，标出地点并及时修理。

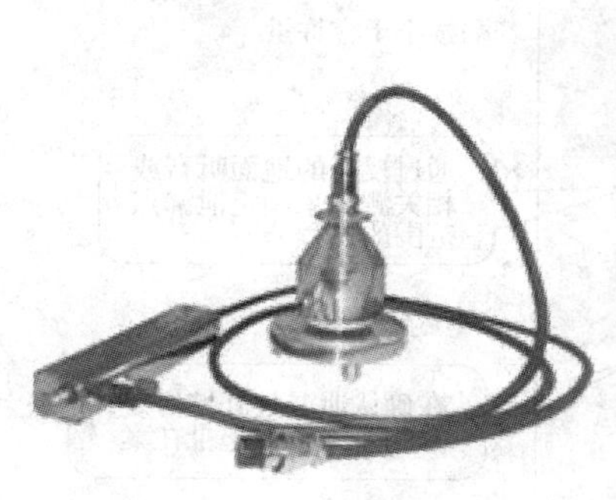

图 2—1—15　听漏器与用听漏仪检漏

3）分区检漏法。分区检漏是用水表测出漏水地点和漏水量，一般只用在允许短期停水的地区。

这种方法是将整个给水管网分成小区，凡是和其他地区相通的阀门全部关闭，小区内暂停用水，然后开启装有水表的一条进水管上的阀门，使小区进水。如小区内的管网漏水，水表指针会转动，由此可读出漏水量，一般以每分钟不超出 4 L 为合格。如超出此值，再缩小检验范围，用同样方法测定漏水量，逐步找出漏水地点。

4）间接测定法。间接测定法即利用测量管线的水力坡降线来确定漏水的地点。漏水处的水力坡降线有突然下降的现象。在一段无重要支管的长管上，开启闸门使水流稳定，然后突然关闭闸门断流，管中即产生水锤，压力波传到漏水处消减，其减低了的压力波传回闸门处，则可求出闸门距漏水处的距离。

$$L = 0.5Tv$$

式中　L——闸门距漏水处的距离，m；

T——压力波往返的时间，s；

v——压力波的速度，m/s。

2. 管道的防腐方法

金属管壁腐蚀时掺杂水内沉淀现象，会在管壁上结成瘤状物，增加了管道的粗糙度，加大了水流阻力，降低了输水能力，严重者也可能穿孔，造成漏水或其他事故，如图 2—1—16 所示。根据一些腐蚀工程杂志统计，全世界每年金属腐蚀损失为 1 亿 t 左右，约为全年金属总产量的 20%。

图 2—1—16　腐蚀后的金属管道

腐蚀是金属管道的变质现象，其表现方式有生锈、坑蚀、结瘤、开裂或脆化等。管道腐蚀的原因有很多种，如化学腐蚀、生物学腐蚀及电化学腐蚀等。化学腐蚀指酸性物质对金属的侵蚀；生物学腐蚀指铁菌、硫酸盐还原菌及某些微生物对管道的破坏；电化学腐蚀是一般管道最常见的腐蚀，尤其是地下管道主要是这种腐蚀。管道的腐蚀往往是几种腐蚀过程掺杂的结果。

目前金属管道的防腐方法主要是采用涂盖防腐层和电气保护（如阴极和阳极保护）两种防腐方法。

（1）涂盖防腐层

防腐层的作用是断开金属和水的接触。防腐层应具有一定的黏着性、不透水性、化学稳定性、机械强度及便于施工等性能。防腐层可以涂在管的内外壁。一般给水铸铁管在制造出厂前管内外壁已涂沥青防腐层。钢管应视工作条件及使用期限选用不同的防腐层材料。钢管外层防腐一般常用沥青玛瑙脂，沥青玛瑙脂是用Ⅲ、Ⅳ或Ⅴ号石油沥青与矿物填充料加热混合制成。沥青中加填充料是为了提高其强度、黏着力和弹性。

利用石墨粉或过氧化铅混在橡胶或石油沥青中，可以制成抗蚀性材料，也可以作为管壁的保护层。这种保护管道的方法称为电子过滤层法，也起防腐的作用。

衬里的种类很多，如树脂、油漆、塑料、沥青及水泥等，如果使用得法，均有一定的防腐效果。

目前使用沥青涂层的较多，但不甚耐久，有的新管在使用 3～5 年之后，沥青涂层脱落，由于电化学腐蚀产生严重积垢。有的使用水泥砂浆衬里的管道，防腐效果比较好，例如上海调查了一条埋设前在管内用水泥砂浆衬里的直径为 625 mm 的管子，已经使用了 40 年，其粗糙系数仍为 0.012～0.012 5，基本上与新管相同。目前上海已在一些地区埋设水泥砂浆衬里管道，经过几年的使用，效果很好。

水泥砂浆衬里在管子敷设前进行比较方便。将管内壁清除干净，然后用喷浆机将水泥砂浆均匀喷涂于管内壁上，经养护后，即可安装使用。对于使用多年的旧管道，可以进行刮管喷浆衬里，使其恢复通水能力。

（2）电气保护法

电气保护法只适用于防止管道外壁遭受腐蚀，常见的有下列几种方法：

1）利用绝缘体把管线分隔成很多单独区段，增加管道的电阻，降低杂散电流流经管线的数值，以减小腐蚀危害，此法称为分区保护法，图 2—1—17 所示为三层 PE 结构示意图。

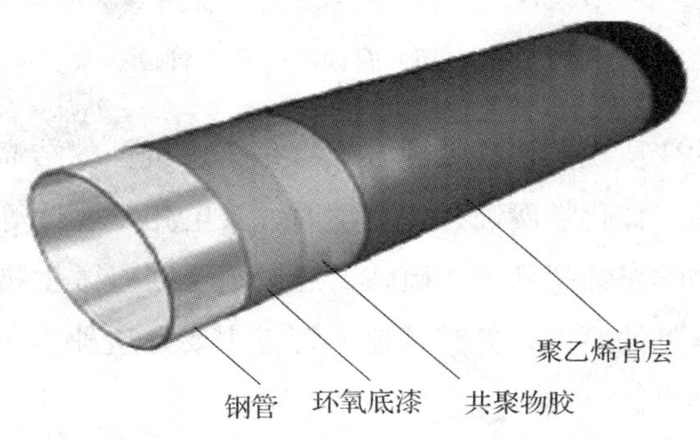

图 2—1—17　三层 PE 结构示意图

2）人为地把管道变成阴极来保护管道不受腐蚀，是最常用的阴极保护法。

应该指出，被保护管道的表面涂盖防腐层与阴极保护法是经常同时采用的，因为到目前为止，还没有哪一种防腐层，在长时间的使用中，能很好地把金属管道与电解质（土壤）完全隔离，而有效地防止腐蚀。如果用阴极保护法而不涂盖防腐层，虽然可以防止管道腐蚀，但所需电流过大，在经济上不合算。

3. 消除管内积垢与管壁涂层

（1）消除管内积垢

产生积垢的原因很多，如因管内壁被水侵蚀，水中碳酸盐沉淀，水中悬浮物沉淀，水中铁、氯化物和碳酸盐的含量过高，以及铁菌、藻类等微生物的滋长繁殖等。管内常出现积垢及腐蚀等现象，严重影响管道的输水能力。

1）松软积垢的清除。松软积垢可用提高水流速度的方法进行冲洗，每次冲洗长度为 100～200 m，冲洗速度比平时供水速度提高 3～5 倍，但压力不能高于允许值。冲洗工作应经常进行，以免积垢变硬而难以冲洗。如采用压缩空气与水混合冲洗，则效果更好。冲洗时排水较混浊，以后逐渐变清，水质完全澄清后即停止。此法应用方便，不需特殊工具，工作速度快；不会损坏管内壁涂层，所需费用较低，因此也作为新敷设管线的冲洗方法，但用水量较大。

2）坚硬积垢的清除。坚硬的积垢需用刮管法清除，刮管器如图 2—1—18 所示，利用刮管器以钢丝绳和绞车在管内往返拉行，先用切割环在管壁的积垢上刻画沟槽，再用刮管环刮下，最后用钢刷刷净。刮管器刮管方法简便，速度较快，但较费力，也不易刮净积垢。刮管法适用于小口径水管积垢的刮除，如图 2—1—19 所示。

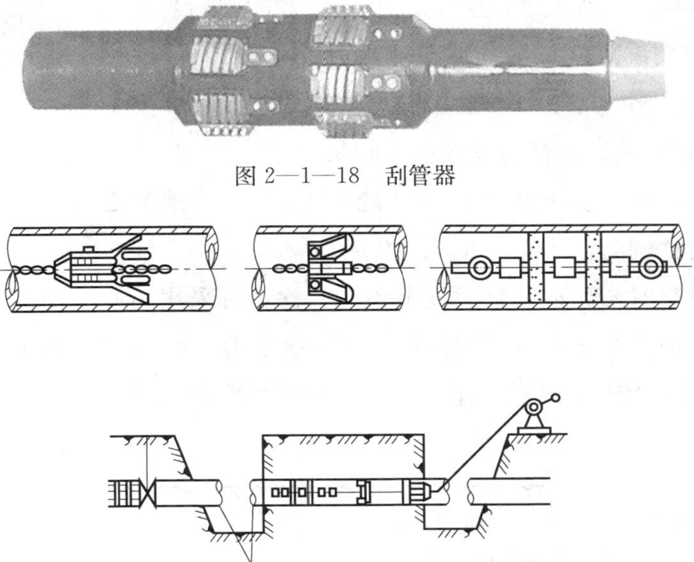

图 2—1—18　刮管器

图 2—1—19　刮管器及安装

大口径水管的积垢可用刮管机清除，如图 2—1—20 所示。刮管机可以利用旋转刀片刮下管壁积垢；也可用旋转链锤打下积垢并以水冲洗干净，刮刀用电动机带动旋转，工作效率较高。

积垢如果属于碳酸盐或铁锈时，也可用酸洗法去除。方法是将一定浓度的盐酸或硫酸放进水管中，浸泡十几小时使积垢溶解，放出后用水冲洗干净。

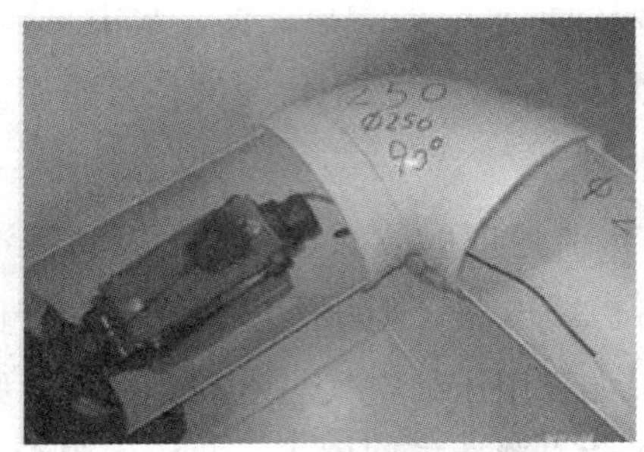

图 2—1—20　用刮管机清除管中积垢

（2）管壁涂层

管内积垢被清除后，还应在管壁上衬涂保护层，如图 2—1—21 所示，以防继续积垢，保持管子的输水能力，延长水管的有效使用年限。一般可在管壁上衬涂水泥砂浆层或聚合物改性水泥层。水泥砂浆层厚度为 3～5 mm，水泥砂浆用 M50 硅酸盐或矿渣水泥与石英砂按水泥：砂：水为 1：1：（0.37～0.4）的比例配拌而成；聚合物改性水泥砂浆层厚度为 1.5～2 mm，其配制是由 M50 硅酸盐水泥、聚醋酸乙烯乳剂、水溶性有机硅、石英砂等按一定比例配合而成，水灰比约为 1：3。

图 2—1—21　管道内壁涂层

衬涂管壁砂浆时，如在水管敷设前预先衬涂，可采用离心法使涂料均匀涂于管壁上；在敷设后或旧管衬涂时可用喷浆机，喷涂速度为 1.0～1.5 m/min，一次喷涂距离为 20～50 m，效果较好，此法适用于较大口径的水管涂层，如图 2—1—22 所示。

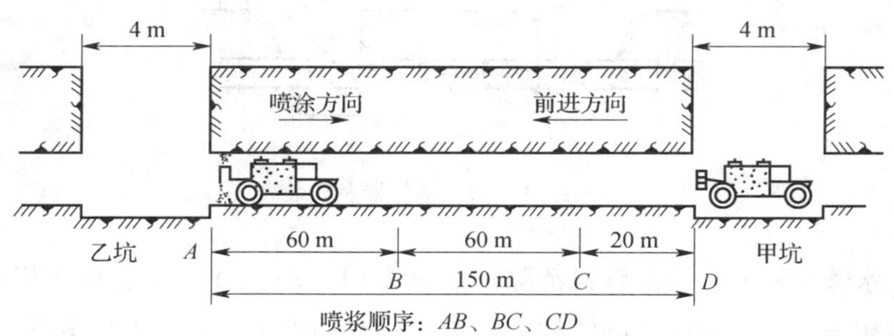

图 2—1—22　喷浆机喷浆

刮管涂料能明显恢复输水能力，也有利于保证管网内的水质，所需费用仅为新埋管线的 1/12～1/10。

思考与练习

1. 简述室外给水系统的组成。
2. 给水处理的任务是什么？
3. 居住小区给水系统有哪些类型？
4. 居住小区常用的给水方式有哪些？
5. 日常的管网养护管理工作内容包括哪些？
6. 简述居住小区给水管道的布置原则。
7. 简述维持管网水质的措施。

第 2 节　室外给水管道材料设备维护

随着经济发展和生活水平的提高，人们对自来水水质的要求也日趋提高。据大量水质监测数据表明，导致管网水质恶化的主要原因是建筑物内给水管道锈蚀严重，另外水中碳酸钙（镁）的结垢，水中溶解性铁离子氧化对管道的腐蚀、结垢，以及一些生物性的堵塞等现象，也造成水质恶化。所以物业区域内室外给水管道材料设备需要定期维护。

一、给水管道材料及配件

目前给水管主要有钢管、铜管和铝塑复合管等。管道材料的选择主要取决于承受的水压、埋管条件和供应情况等。

1. 钢管

钢管有无缝钢管和焊接钢管两种。焊接钢管上有螺旋形或纵向焊缝。钢管的优点是强度高，能耐高压，耐振动，质量较轻，接头少而方便，但易生锈，不耐腐蚀。室内给水管常用镀锌焊接钢管。

钢管接口一般采用焊接或法兰连接，小管径可用螺纹连接或焊接，镀锌钢管用螺纹连接。钢管螺纹连接配件主要有弯头、三通、四通、管箍和对丝等，如图 2—2—1 所示。

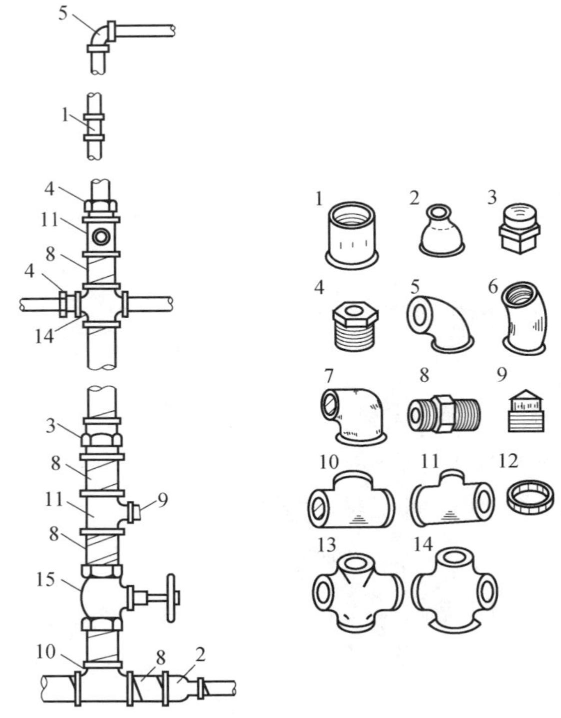

图 2—2—1 钢管螺纹连接配件及连接方法

1—管箍 2—异径管箍 3—活接头 4—补芯 5—90°弯头 6—45°弯头 7—异径弯头 8—对丝 9—管塞 10—等径三通 11—异径三通 12—根母 13—等径四通 14—异径四通 15—阀门

（1）弯头

常用的弯头有 90°和 45°两种，有等径及异径弯头，主要起着改变流体方向的作用。

（2）三通

对输送的流体有分流和合流作用，分为等径及异径两种形式，规格一般与钢管配套使用。等径三通用公称直径表示。例如 DN20、DN25、DN40 即表示三通的口径为 20 mm、25 mm、40 mm；异径三通也以公称直径表示，例如 DN25×20、DN32×25 等。

（3）四通

四通分为等径及异径两种形式，均以公称直径表示。例如表示为 DN20、DN32、DN40，异径四通可表示为 DN40×25、DN25×20 等。

（4）管箍

用于连接管道的管件，两端均为内螺纹，分为同径及异径两种，以公称直径表示。

例如 DN25、DN32×25 等。

（5）对丝

用于连接两个相同管径的内螺纹管件或阀门，规格与表示方法与管子相同。

2. 铜管

铜管如图 2—2—2 所示，其具有如下优点：

（1）耐腐蚀，耐用，特别是对于 60～90℃的热水，钢管易发生显著腐蚀，而铜管就不易腐蚀。

（2）质量轻，便于搬运和安装，其质量为钢管质量的 1/3～1/2。

（3）强度大，便于加工，又因为是用软钎料焊接，故不需要车丝，因而现场作业面可以小些。

（4）水流阻力小，因而管径可比用钢管时小。

（5）不易结垢。

（6）抗冻，抗冲击。

因其价格比钢管贵，故以前只用于高级建筑物的热水供应管和冷水管。但由于铜管具有许多优点，目前不仅应用于热水供应管和冷水管，给水管甚至排水管也开始使用铜管。

铜管的配件为软钎料焊接用配件，这种配件是以给水用铜管为材料挤压成型的。因为是用延展性良好的铜为原材料，不像铸造配件那样容易产生气孔，并且壁厚均匀，与管材是同样材质，不会发生电腐蚀，且配件和铜管之间的缝隙可以控制在 0.15 mm 以内。常用的配件有管箍、异径管箍、弯头、三通、活接头和 180°弯管等，如图 2—2—3 所示。

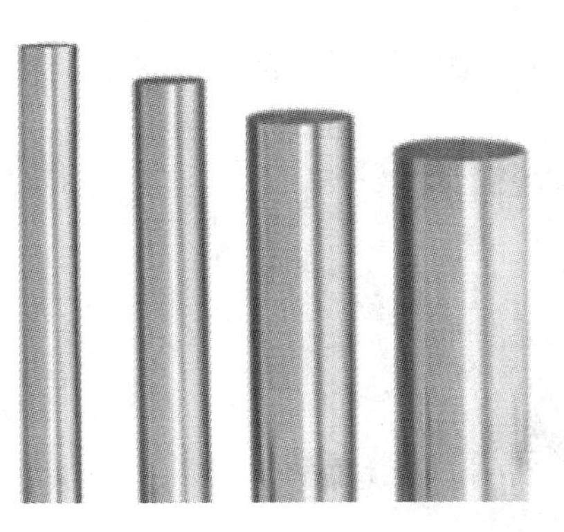

图 2—2—2　铜管

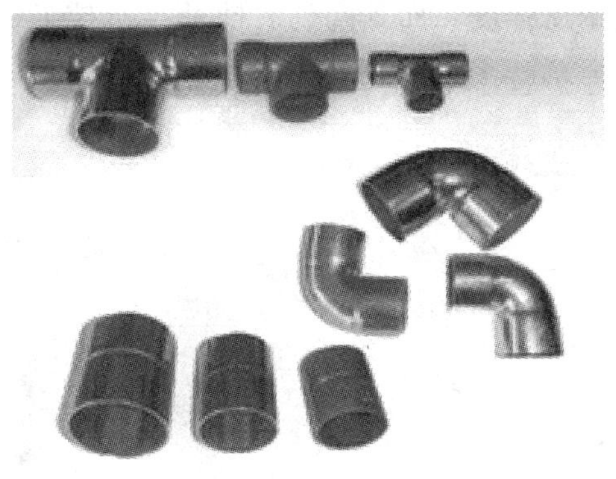

图 2—2—3　铜管管件

铜管接口一般采用焊接。黄铜管如图 2—2—4 所示，比铜管的价格更高，不常使用。黄铜管的配件使用青铜铸件，和钢管一样有弯头、三通、管箍、法兰、活接头等各种配件，如图 2—2—5 所示。黄铜管的连接和钢管一样，一般采用螺纹连接。

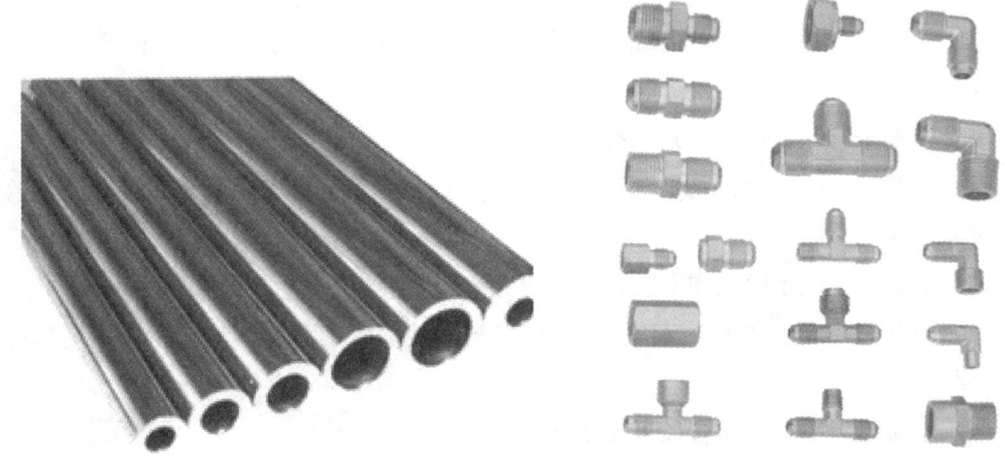

图 2—2—4　黄铜管　　图 2—2—5　黄铜管的配件

3. 铝塑复合管

传统管材主要有金属管和塑料管两大类，然而两者都存在着明显的缺陷。金属管易生锈、易腐蚀、保温性能差、笨重、施工及维修困难。塑料管抗冲击力差，易破裂、易变形，会产生渗漏。20 世纪 90 年代前后，铝塑复合管的出现改写了传统管材的历史。

铝塑复合管的构造如图 2—2—6 所示，内外各一层聚乙烯（PE），中间由铝合金及胶接 PE 与铝之间的胶合层组成。PE 是一种清洁、无毒、无嗅的塑料，耐撞击、不受气候影响、抗化学物质、耐腐蚀、质量轻。复合管中间层为特殊铝合金，铝合金拥有金属管的耐压强度，而其高延展性及高抗拉强度使铝塑复合管容易弯曲又不反弹；外层 PE 可以保护管子不受腐蚀，内层 PE 可以使水质更清洁，使流体不与铝合金接触，增加管子的寿命。

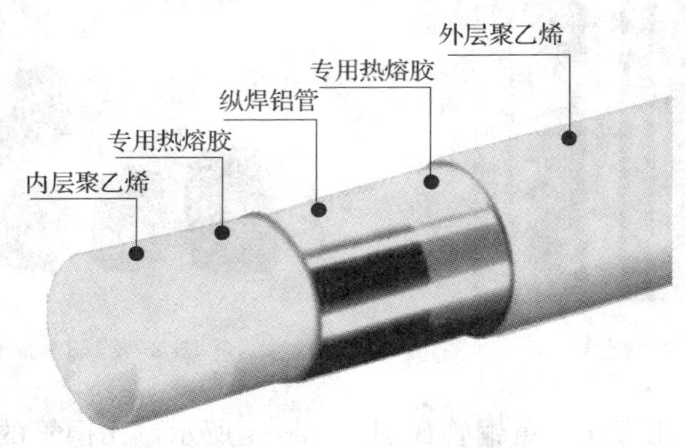

图 2—2—6　铝塑复合管的构造

铝塑复合管综合了金属管道与非金属管道的优点，耐压、耐冲击，具有较柔软的塑性变形能力，能在一定半径内任意弯曲而不反弹；更具有良好的耐燃性能及耐腐蚀性能，卫生无毒，可以广泛应用在自来水输送管道中。

铝塑复合管有形式多样的管接头。连接时，将螺母和 C 形压紧环套上铝塑复合管，用铰刀将管口整圆，将接头本体塞入管中，插到底，再用扳手锁紧即可，如图 2—2—7 所示。

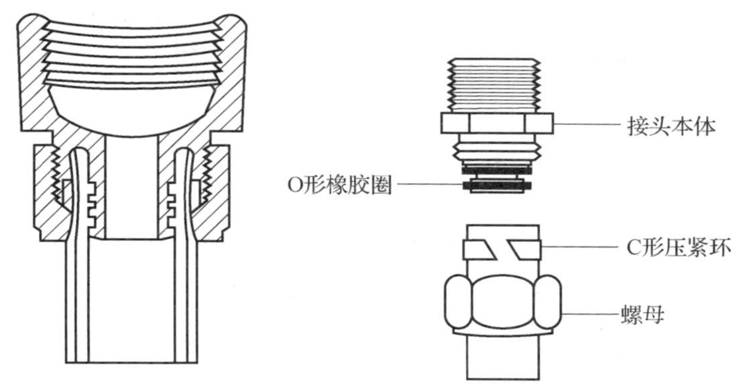

图 2—2—7　管接头剖面和管接头分解图

该管道与其他种类的管材、阀门、配水件连接时，应采用过渡性管件。施工中需将过渡性管件焊接在其他管材上时，应先将管件中的密封圈取出，管件焊牢并完全冷却后才能连接铝塑复合管。

二、阀门

阀门是调节控制水流及水压的控制设备。阀门有很多类型，如闸阀、球阀、碟阀等。选用时，应仔细考虑装设的目的，选用的要求和方式，口径的大小，水温、水质情况，工作压力，阻力大小，造价及维修保养等问题。

1. 闸阀

闸阀也称闸板阀，是给水管上最常见的阀门。闸阀由闸壳内的滑板上下移动来控制或截断水流，有明杆和暗杆之分。明杆式闸阀的闸杆随闸板的启闭而升降，适用于明装的管道，便于观察闸门的启闭情况；暗杆式闸门的闸板在闸杆前进的方向留一个圆形的螺孔，当闸板开启时，闸杆螺杆进入闸板孔内而提起闸板，闸杆仍不露出外面，有利于保护闸杆，适用于露天安装。闸阀的构造如图 2—2—8 所示。

闸阀的直径一般和安装的管道口径相同，但当管径超过 500 mm 时，为了降低管网造价，可以装设较小的闸阀，不过直径不应小于管径的 0.8 倍。

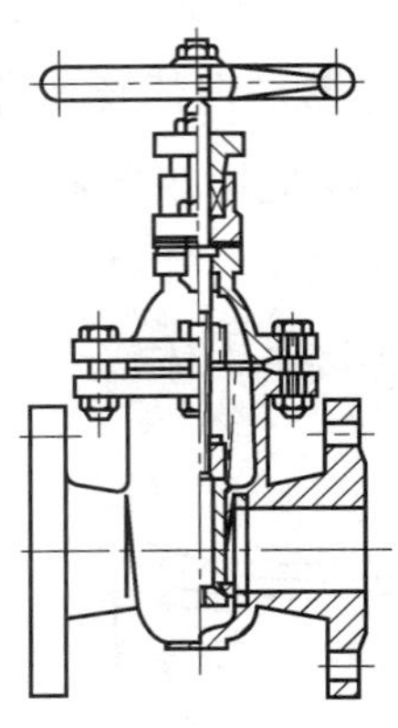

图 2—2—8　闸阀的构造

大型闸阀的过水断面很大，所以在开启时，由于一面受到很大压力，开启较难，一般在主闸侧附一个小闸阀，在开主闸前，先开启小闸阀，降低单面水压力，可使开闸省力。大型闸阀还可以采用机力启闭，如用齿轮、电动机或水力驱动等。

2. 球阀

球阀也称截止阀，是靠一个类似塞子作用的结构来控制水的流动，如图 2—2—9 所示。球阀水流的方向是由下而上，安装时要注意，不能装反。球阀的构造简单，价格较低，但水流阻力较大，一般只用于直径 100 mm 以下的管线上。

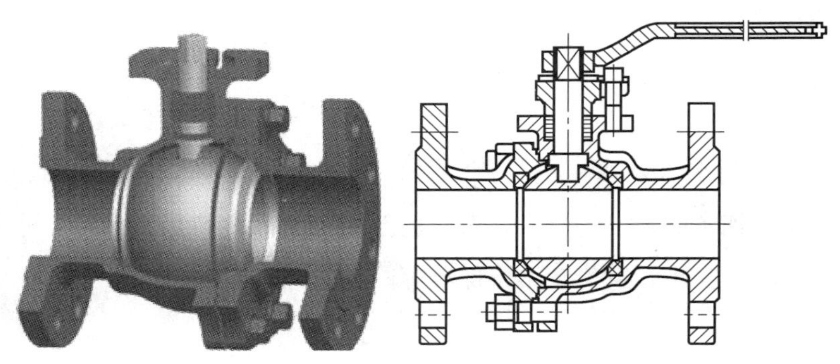

图 2—2—9　球阀的构造

3. 碟阀

碟阀的作用和一般阀门相同，但结构简单，开启方便，旋转 90°就可全开或全关。碟阀宽度比一般阀门小，操作较简便且占地较小，小型者可用手动，大型者用机械力，适用于水质好的供水管线上，其构造如图 2—2—10 所示。

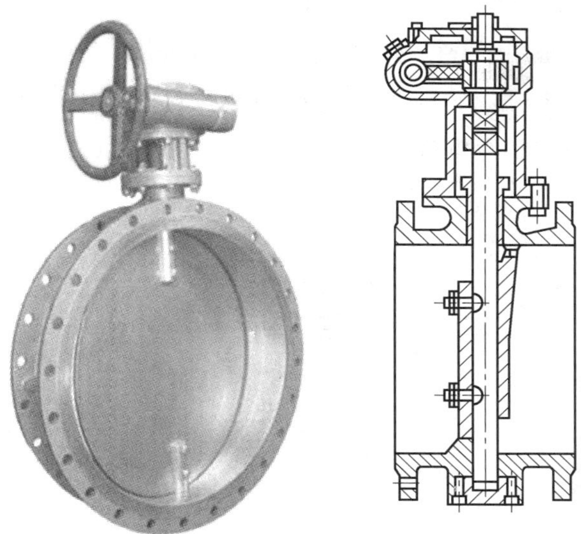

图 2—2—10　碟阀的构造

4. 单向阀

单向阀也称逆止阀或止回阀，是限制压力管道中的水流朝一个方向流动的阀门。阀门的闸板可绕轴旋转。水流方向相反时，闸板因自重和水压作用而自动关闭。单向阀一般安装在水泵的出水管上，防止因突然断电或其他事故时水流倒流而损坏水泵设备。单向阀的形式很多，主要分为升降式和旋启式两大类，如图 2—2—11 所示。

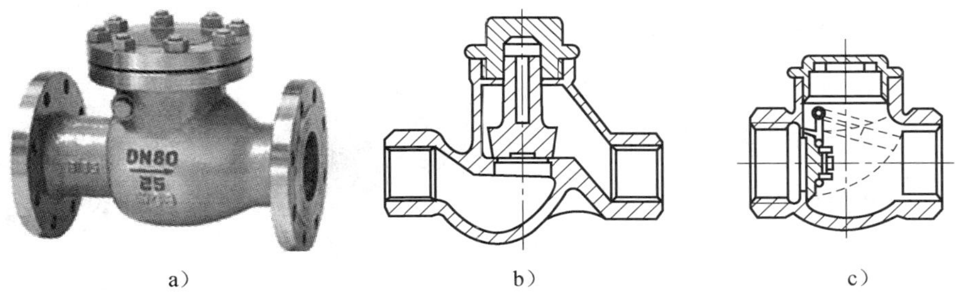

a）　b）　c）

图 2—2—11　单向阀（止回阀）

a）外部结构　b）升降式　c）旋启式

升降式止回阀装于水平管道上，水头损失较大，只适用于小管径；旋启式止回阀一般直径较大，水平、垂直管道上均可装置。

5. 排气阀

管道位置较高处常聚集气体，既会减小管道的过水断面，又会增大管道的阻力，因此在管道的集气处应装设排气阀，以排除集气，改善管道运行情况。排气阀有单口及双口之分。单口排气阀直径为 75 mm，适用于管径为 300 mm 以下的给水管。双口排气阀直径为 50～200 mm，适用于管径为 400～2 000 mm 的给水管。双口排气阀的尺寸可按管道直径的 1/10～1/8 选用，单口排气阀的尺寸可按管径的 1/5～1/2 选用。排气阀放在单独的阀门井内，也可和其他配件合用一个阀门井。排气阀的构造如图 2—2—12 所示。

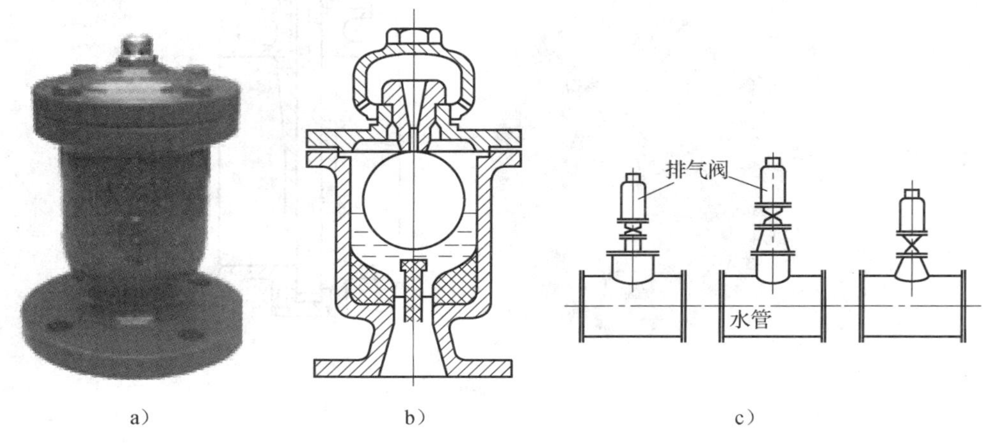

图 2—2—12 排气阀

a）外形结构 b）阀门构造 c）安装方式

三、管网附属构筑物

1. 阀门井

管网中的安置阀门、放气阀、泄水阀、水表等设备安装在阀门井内，阀门井的平面尺寸取决于水管直径及附件的种类和数量，但应满足阀门操作和安装拆卸各种附件所需的最小尺寸。井的深度由水管埋设深度确定。井底到水管承口或法兰盘底的距离至少为 0.1 m，法兰盘和井壁的距离宜大于 0.15 m，从承口外缘到井壁的距离，应在 0.3 m 以上，以便于接口施工，如图 2—2—13 所示。

图 2—2—13 阀门井内施工

DN100～300 mm 阀门检查井采用地面操作砖砌圆形立式闸阀井，如图 2—2—14 所示。DN400 mm 以上阀门检查井采用地面操作钢筋混凝土矩形立式碟阀井，如图 2—2—15 所示。

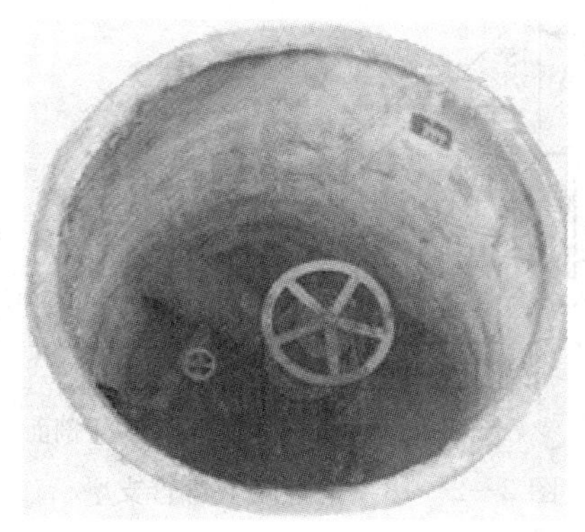

图 2—2—14　圆形立式闸阀井

图 2—2—15　矩形立式碟阀井

阀门井的形式根据所安装的附件类型、大小和路面材料而定。如直径较小、位于人行道上或简易路面下的阀门，可采用阀门套筒，如图 2—2—16 所示。但在寒冷地区，因阀杆易被渗漏的水冻住，因而影响开启，所以一般不采用阀门套筒。安装在道路下的大阀门可采用如图 2—2—17 所示的阀门井。位于地下水位较高处的阀门井，井底和井壁应不透水，在水管穿越井壁处应保持足够的密封性。阀门井应有抗浮的稳定性。

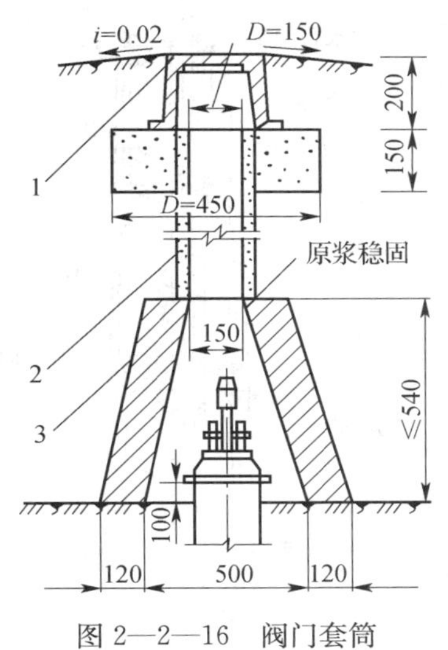

图 2—2—16　阀门套筒

1—铸铁脚套筒　2—混凝土管　3—砖砌井

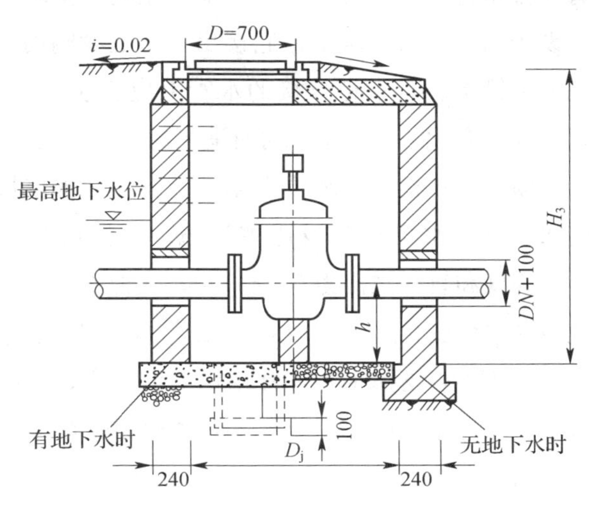

图 2—2—17　阀门井

2. 支墩

承插式接头的管线，在弯管处、三通处、缩管处及水管尽端的盖板上，都会产生应力，支墩就是为承受应力而设的。但对管径小于 300 mm，或转变角度为 5°～10°，且压力不大于 980 kPa 的管线，因接头本身足以承受应力，可不设支墩。

支墩分为水平方向弯管支墩、垂直向下弯管支墩和垂直向上弯管支墩等多种形式。图 2—2—18 所示为垂直向下弯管支墩，用砖或混凝土或砂浆砌块砌成。

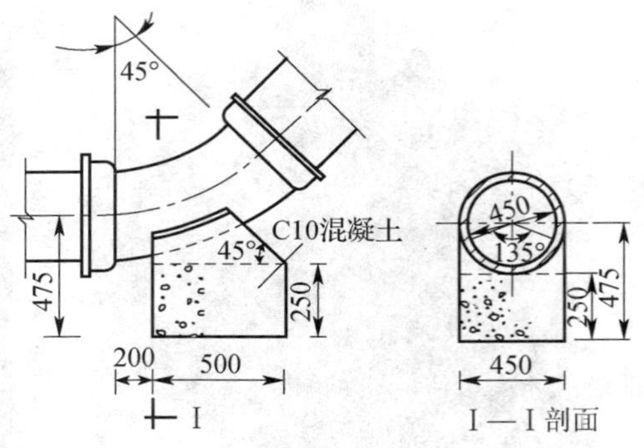

图 2—2—18 垂直向下弯管支墩

四、水塔与水池

水塔和水池是管网中的流量调节构筑物，同时又可保证管网所需的水压。水塔通常设在地势平坦的位置，若城镇或工业企业处于丘陵、山区或高地，则应修建高位水池。

1. 水塔

水塔由水柜（或水箱）塔架、管道和基础组成，如图 2—2—19 所示。进、出水管可以合用，也可分别设置。进水管应伸到水柜最高水位附近，在顶端装挡水罩或弯管进水口。出水管应靠近柜底，以保证水柜内的水流循环。为防止水柜溢水和将柜内存水放空，须设置溢水管和排水管，管径可与进、出水管相同。溢水管上不应设阀门。排水管从水柜底接出，管上设阀门，并接到溢水管上。与水柜连接的水管上应安装伸缩接头，以便温度变化或水塔下沉时有适当的伸缩余地。

为观察水柜内的水位变化，应设浮标水位尺或电传水位计。水塔顶应设避雷设施。水柜通常为圆筒形，高度和直径之比为 0.5～1.0，水柜不宜过高，以免柜内水位变化过大，增加水泵压力，消耗能量。

塔体用以支撑水柜，常用钢筋混凝土、砖石或钢材建造。近年来也采用装配式和预应力钢筋混凝土水塔。水塔基础可采用单独基础、条形基础和整体基础等。

避雷设施
透气孔
栏杆
水箱
溢水管
排水管
出水管
进水管
扶梯
中间平台
溢、排水管
进、出水管
水塔地坪
支墩

图 2—2—19 水塔构造

砖石水塔的造价比较低，但施工费时，自重较大，宜建于地质条件较好的地区。从就地取材的角度，砖石结构可与钢筋混凝土结合使用，即水柜用钢筋混凝土，塔体用砖石结构。

2. 水池

（1）水池的分类

给水工程中的水池按结构材料可分为钢结构水池、钢筋混凝土水池、砌体结构水池等。最常用的是钢筋混凝土水池。按平面形状可分为圆形水池、矩形水池等。按顶盖情况可分为敞口水池、有盖水池。按平面组合形式可分为单室池、多室池。按与地面相对关系可分为地上水池、地下水池、半地下水池。按照使用功能不同，水池分为消防水池、饮用水池、循环水池等。按施工方法可分为整体浇筑式和预制装配式。

池壁是水池的重要部分，平面形式多为圆形或矩形。水池的底板有整体式和分离式两种。整体式底板的底板是完整的一块板，底板也就相当于水池的基础；分离式底板是底板与池壁基础分开，底板支撑于池壁基础上。平面较大的水池，为减少顶板的厚度和节省材料，可在池中设置支柱，形成柱网。进行水池结构设计时，除在各种荷载组合情况下满足强度、抗裂度或裂缝宽度要求外，应根据其工作条件，分别满足稳定性、抗渗性、抗冻性等要求。

（2）水池的结构

常用的水池结构有钢筋混凝土水池、预应力钢筋混凝土水池和砖石水池等，其中以钢筋混凝土水池使用最广。一般做成圆形或矩形，如图 2—2—20 所示。

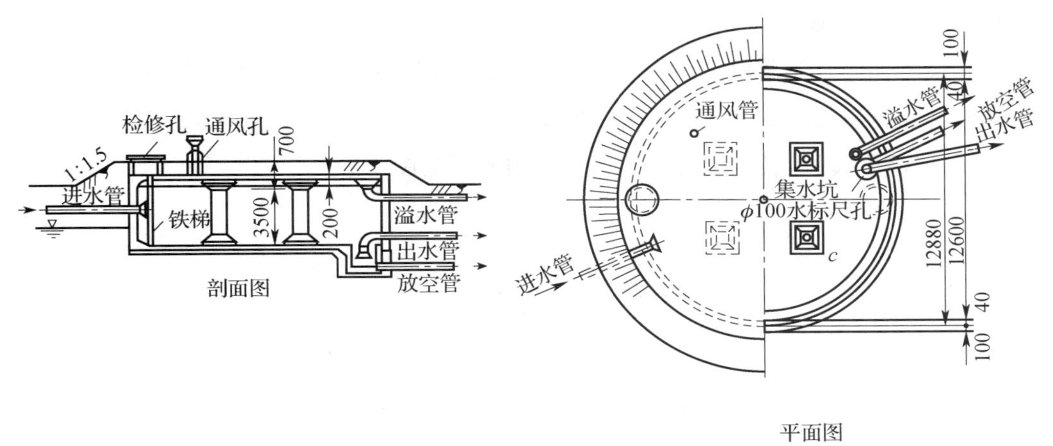

图 2—2—20　圆形钢筋混凝土水池

水池应有单独的进水管和出水管，安装位置应保证池内水流的循环。此外应有溢水管，管径和进水管相同，管端有喇叭口，管上不设阀门。水池的排水管接到集水坑内，管径一般按 2 h 内将池水放空计算。容积在 1 000 m^3 以上的水池，至少应设两个检修孔。为使池内自然通风，应设若干通风孔，高出水池覆土面 0.7 m 以上。池顶覆土厚度视当地平均室外气温而定，一般为 0.5～1.0 m，气温低则覆土应厚些。当地下水位较高，水池埋深较大时，覆土厚度需按抗浮要求决定。为便于观测池内水位，可装置浮标水位尺或水位传示仪。

室外给水管道损坏的修复

为了保证管网正常供水，必须加强检查工作，早期发现问题并及时修理，以免扩大损坏程度，影响供水。检查工作包括水管压力、流量、水质、漏水、结垢和腐蚀等情况；还有各种闸阀和特殊构筑物如管桥、过河管、穿越铁路管、水池、水塔及泵站等。如发现问题，应分析原因，弄清情况，立即采用措施，消灭隐患，保证供水安全。

管网损坏的事故是多种多样的，有车辆等荷载压坏的；水锤破坏的；有地基沉降、水管材质差、施工不良及灾害等造成的。破坏严重时可发生爆炸，产生大量漏水，不但影响供水，而且妨碍交通，必须及时抢修。

给水管道损坏后，为了保障供水，必须迅速修复。当准确测出管道损坏位置后，应将损坏管段挖出，视其损坏状况采取不同的修复方法。

1. 换管修复步骤

（1）换管工作开始前要关闭损坏管段的前后闸门，准备水泵排水，挖好工作坑。

（2）切除管道损坏部分，如图 2—2—21 所示，新换管段要与损坏的管道直径相等、管材相同。新换管段的长度（计算承口长在内）要与图中的 L 长度相等。

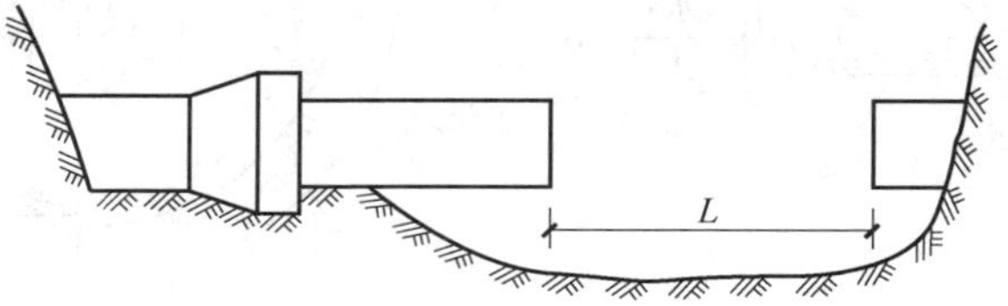

图 2—2—21 切除管道损坏部分

（3）新换管段未下入沟槽前，要先将套管套在原管段一端插口上，再将新换管段放进沟内，并使新换管段承口与原有管另一端插口相接，最后移动套管完成两个插口的对接工作。安装完毕后要调整位置准备进行接口工作，图 2—2—22 所示为管道修复后的装配。

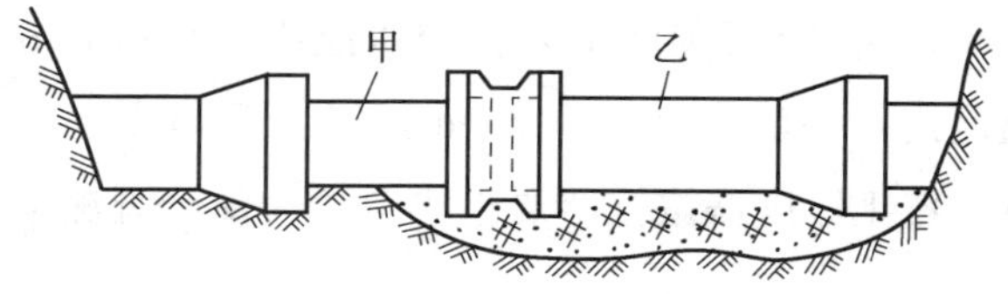

图 2—2—22 管道修复后的装配

2. 管卡修复

管道损坏后仅产生裂缝漏水，可采用管卡修复。这种修复方法特别是在我国北方的寒冷地区很有应用价值，其优点是节省材料，修复迅速。

（1）制作管卡。制作外形如图 2—2—23 所示的管卡。用厚 10 mm 钢板做两个半圆卡子，每个管卡内圆半径恰好等于需要修复管道的外圆半径。

（2）用 3 mm 厚的橡胶板做成如图 2—2—24 所示的橡胶环（或用特制橡胶圈）。

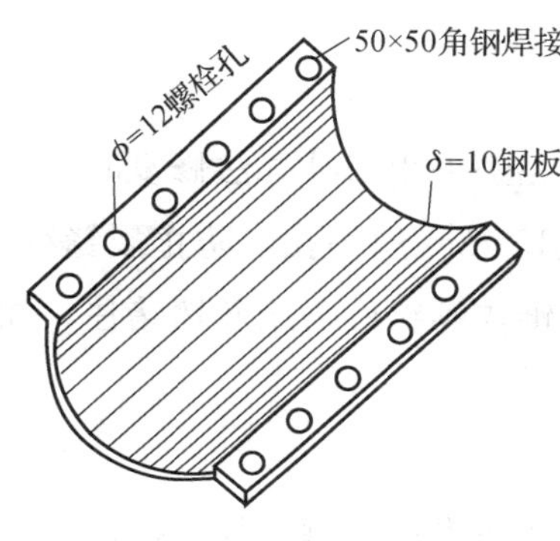

图 2—2—23　管卡外形

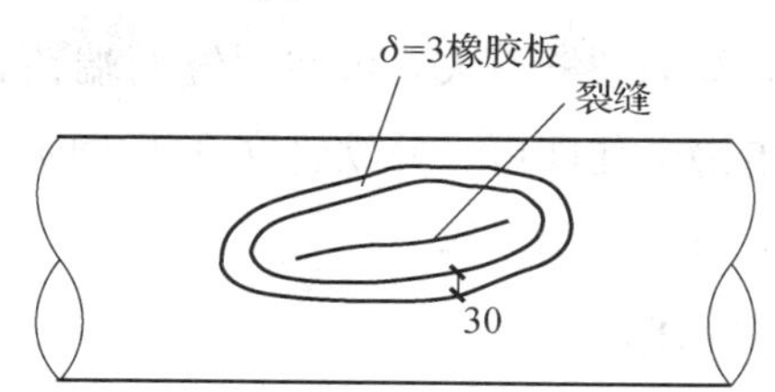

图 2—2—24　橡胶圈放置位置

（3）将管裂缝围起来，上好管卡，拧紧螺栓。管卡的安装如图 2—2—25 所示。

制作管卡时，全长要比管裂缝长 300 mm 为宜。安装完毕，应对钢板制管卡进行防腐处理。管卡也可用铸铁铸造，可加工成不同直径的备用件，以备急需。

3. 钢筋混凝土管破裂的修复

（1）自应力或预应力钢筋混凝土管破裂时，也可采用换管修复的方法。

（2）裂缝漏水，先停水，并将漏水处錾毛，用 8 号镀锌铁线在管外围成钢筋环，然后施作细石快凝混凝土环，养护 24 h 后即可通水。图 2—2—26 所示为钢筋混凝土管的修补实例。

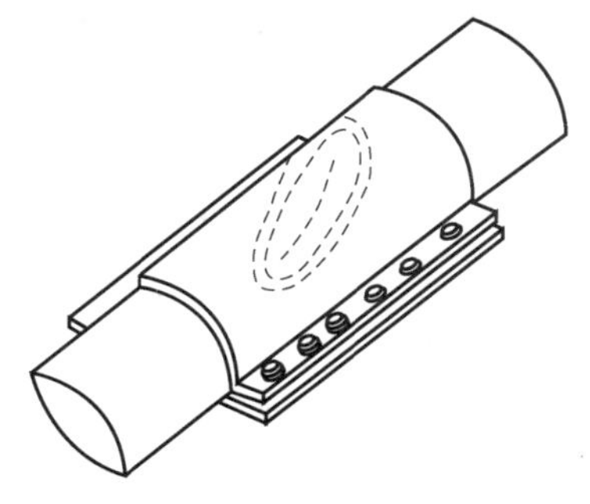

图 2—2—25　管卡的安装

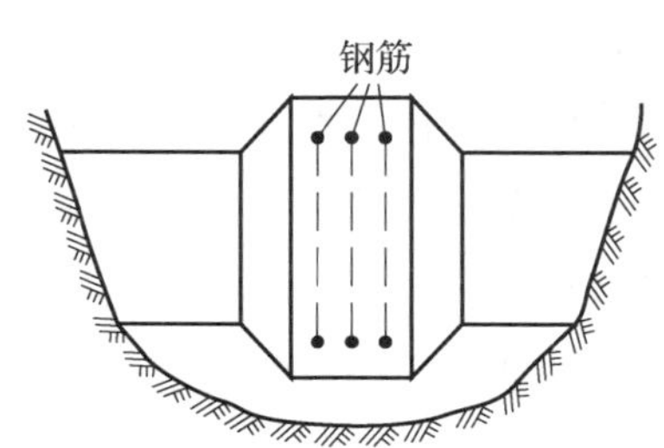

图 2—2—26　钢筋混凝土管的修补实例

钢筋混凝土管目前多采用环氧树脂砂浆或玻璃钢修复，可分为带水与不带水两种修复方法。

不带水修复的程序是：先将管损坏部分錾毛，清理干净，刷一层环氧底胶，再抹环氧砂浆；当损坏较严重时不抹环氧砂浆，而做玻璃钢。

带水修复是在环氧树脂中掺进“酮亚胺”亲水剂，使环氧树脂与混凝土管面紧密结合。

环氧砂浆不但用于给水钢筋混凝土管漏水的修补，而且大量用于钢筋混凝土管由于运输等造成的局部损坏的修补。

4. 铸铁管的修复

铸铁管损坏严重时，管道已碎裂、承口破裂，无法采用修补办法修复时，可更换整条管，如纵向裂缝不大，可在裂缝两端钻直径 6～15 mm 的小孔以防止裂缝继续扩展，然后用卡箍卡住即可。铸铁管穿孔不大时，可用丝锥攻螺纹后再用丝堵堵住，如非圆形或孔较大时，可用卡箍。

5. 钢管的修复

钢管裂缝可用焊接修补，如已穿洞可先用木塞堵住再用卡箍卡住。接口轻微漏水可能是施工不良、水锤冲击或管基沉降等原因造成的，如为铅接口则可补铅打实；如为石棉水泥接口则需拆除旧口填料，重新填打新口；如为法兰接口，可更换垫圈及螺栓重新接牢。

室外给水阀门维护保养操作

阀门是给水管网调节流量、防止回流、隔离设备和排泄压力的重要控制元件，为保证阀门启闭可靠及延长阀门寿命使供水正常运行，必须正确使用阀门。大多数阀门所需要维修的工作量是极少的，不必经常修理，但一定要经常检查。

1. 阀门的日常保养

为了保证阀门启闭可靠、调节省力、不漏水、不滴水、不锈蚀，其维护保养要做好以下几项工作：

（1）保持阀门的清洁和油漆的完好状态。

（2）阀杆螺纹部分要涂抹黄油或二硫化钼，室内每 6 个月涂抹一次，室外每 3 个月涂抹一次，以增加螺杆与螺母摩擦时的润滑作用，减少磨损。

（3）不经常调节或启闭的阀门定期转动手轮或手柄，以防生锈咬死。

（4）对机械传动的阀门要视缺油情况向变速箱内及时添加润滑油，在经常使用的情况下，每年全部更换一次润滑油。

（5）在热水管路上使用的阀门，要修补其破损和脱落的绝热层、表面防潮层及保护层，更换胀裂、开胶的绝热层或防潮层接缝黏胶带。

（6）对动作失灵的自动动作阀门，如止回阀和自动排气阀，进行修理或更换；自动排气阀一般每 3 个月应检查一次自动排气效果，排气孔堵塞时要及时清理，动作不灵敏的要进行检修。

（7）对电磁阀和电动调节阀，除了阀体部分的维护保养外，还要特别注意对电控元器件和线路的维护保养。

2. 排除阀门故障

给水系统阀门常见问题或故障主要有阀门关不严、阀体与阀盖间有渗漏、阀体表面有冷凝水、填料盒有渗漏等，其产生原因和解决方法见表 2—2—1。

表 2—2—1　　给水系统阀门常见问题或故障的原因分析及解决方法

问题或故障	原因分析	解决方法
阀门关不严	（1）阀芯与阀座之间有杂物 （2）阀芯与阀座密封面磨损或有伤痕	（1）清除杂物 （2）研磨密封面或更换损坏部分
阀体与阀盖间有渗漏	（1）阀盖旋压不紧 （2）阀体与阀盖间的垫片过薄或损坏 （3）法兰连接的螺栓松紧不一 （4）阀杆或螺纹、螺母磨损	（1）旋压紧 （2）加厚或更换 （3）均匀拧紧 （4）更换
阀体表面有冷凝水	（1）未进行绝热包裹或包裹不完整 （2）绝热层破损	（1）进行绝热包裹或包裹完整 （2）修补
填料盒有泄漏	（1）填料压盖未压紧或压得不正 （2）填料填装不足 （3）填料变质失效	（1）压紧、压正 （2）补装足 （3）更换填料
阀杆转动不灵活	（1）填料压得过紧 （2）阀杆或阀盖上的螺纹磨损 （3）阀杆弯曲变形卡住 （4）阀杆或阀盖螺纹中结水垢 （5）阀杆下填料接触的表面腐蚀	（1）适当放松 （2）更换阀门 （3）矫直或更换 （4）清除水垢 （5）清除腐蚀产物
止回阀阀芯不能开启	（1）阀座与阀芯黏住 （2）阀芯转轴锈住	（1）清除水垢或铁锈 （2）清除铁锈
止回阀关不严	（1）阀芯被杂物卡住 （2）阀芯损坏	（1）清除杂物 （2）更换阀芯

水池、水箱的维修养护

水池、水箱的维修养护应每半年进行一次，若遇特殊情况可增加清洗次数，清洗时的程序如下：

1. 关闭进水总阀，关闭水箱之间的连通阀门，开启泄水阀，抽空水池、水箱中的水。

2. 泄水阀处于开启位置，用鼓风机向水池、水箱吹 2 h 以上，排除水池、水箱中的有毒气体，吹进新鲜空气。

3. 用燃着的蜡烛放入池底看是否熄灭，以确定空气是否充足。

4. 打开水池、水箱内照明设施或设临时照明。

5. 清洗人员进入水池、水箱后，对池壁、池底洗刷不少于三遍，并对管道、阀门、浮球按上述维修养护要求进行检修保养。

6. 清洗完毕后，排除污水，然后喷洒消毒药水。

7. 关闭泄水阀，注入清水。

思考与练习

1. 目前城市给水管主要有哪些？
2. 钢管有哪些优点?
3. 铜管有哪些优点?
4. 在选用阀门时，应该考虑哪些问题?
5. 简述阀门的日常保养内容。

第 3 节　水泵运行管理及维修

水泵是将电动机能量传递给水（或其他液体）的一种水力机械，也是提升和输送水（或其他液体）的重要工具，它把原动机的机械能转化为被输送液体的能量，使液体获得动能或势能。在给水系统中，从水源取水到清水输送都是由水泵来完成的。水泵有多种类型，给水工程中常用的是离心泵。

一、离水泵的基本构造和工作原理

1. 离水泵的基本构造

离水泵具有结构简单，体积小，效率高，供水均匀，流量和扬程在一定范围内可以调节等优点。其主要工作部分有叶轮、泵壳、泵轴、轴承和填料函等，如图 2—3—1 所示。

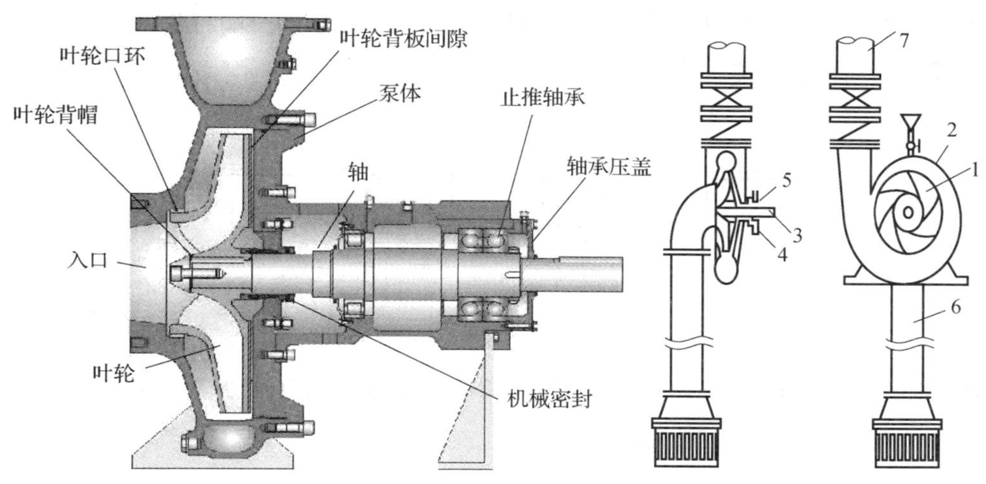

图 2—3—1　离心泵结构图

1—叶轮　2—泵壳　3—泵轴　4—轴承　5—填料函　6—吸水管　7—压水管

（1）泵体

泵体又称泵壳，形状为涡壳状。作用是将水引入叶轮，然后将叶轮流出的水汇集起来，引向压水管。泵壳还将所有固定部分连成一体，支持轴承架。泵壳顶端设有排气孔，以备水泵启动灌水时排除壳体内的空气或接真空泵抽空气之用。泵壳底部设有排水孔，必要时用来放空存水。泵壳借助本体上的进、出水口法兰接头分别连接吸水管和压水管。

（2）叶轮

叶轮是离心泵的主要部件，固定在泵轴上，叶轮上的叶片一般为 2～12 片，如图 2—3—2 所示，水泵的工作性能同叶轮及叶片形状有密切关系，增加叶轮数量可以增大水泵扬程。

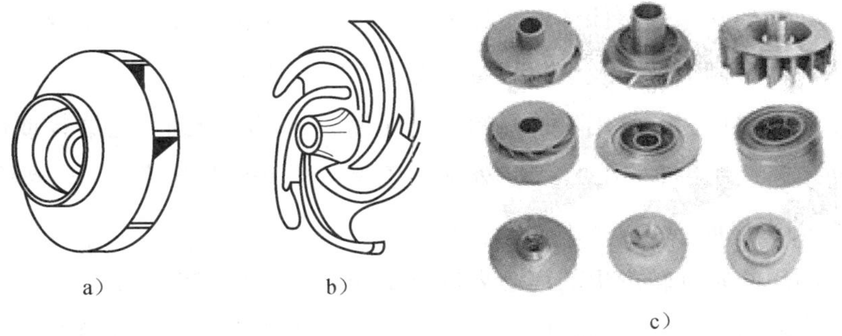

图 2—3—2　水泵叶轮

a）闭式　b）开式　c）外形

（3）泵轴

离心泵泵轴的主要作用是传递动力，支撑叶轮保持在工作位置正常运转，如图2—3—3所示。它是将电动机能量传递给叶轮的主要部件，泵轴的一端与叶轮连接，另一端以联轴器与电动机轴连接。

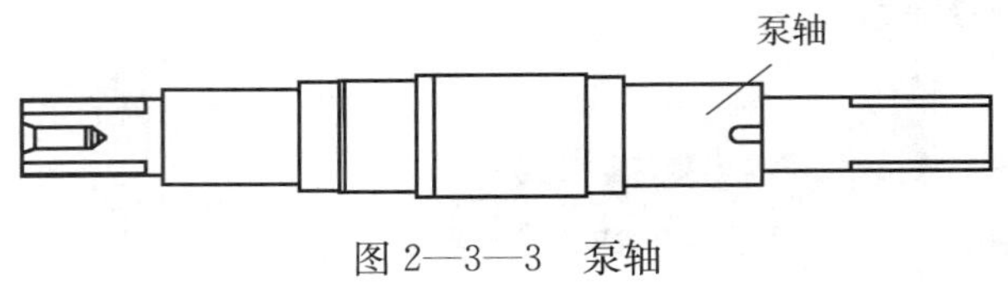

图2—3—3　泵轴

（4）轴承

轴承用来支撑泵轴，以便于泵轴旋转，离心泵上多使用滚动轴承，如图2—3—4所示。轴承一般用润滑脂和润滑油润滑。

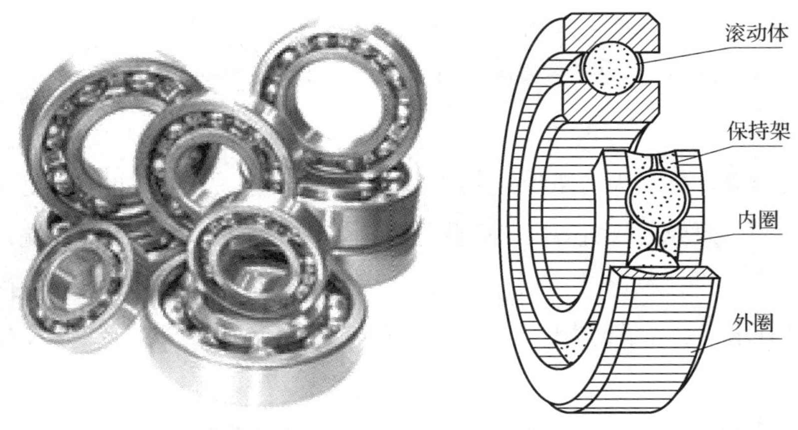

图2—3—4　水泵用的滚动轴承

（5）填料函

为防止泵体内的水漏到泵体外或泵体外的空气进入泵内，在泵轴贯穿泵壳处应装设密封装置，称为填料函。填料及填料位置如图2—3—5所示。

填料主要起密封作用，常用石棉绳和棉线绳编成。填料受到一定磨损或硬化后应及时更换。为使填料堵压得紧些，在填料外加一压盖，压盖套在泵轴上，用螺栓收紧。

2. 离心泵的工作原理

离心泵是利用叶轮旋转产生的离心力进行工作的。水泵在启动前，先将泵和进水管灌满水，水泵运转后，在叶轮高速旋转而产生的离心力的作用下，叶轮流道里的水被甩向四周，压入蜗壳，叶轮入口形成真空，水池的水在外界大气压力下沿吸水管被吸入补

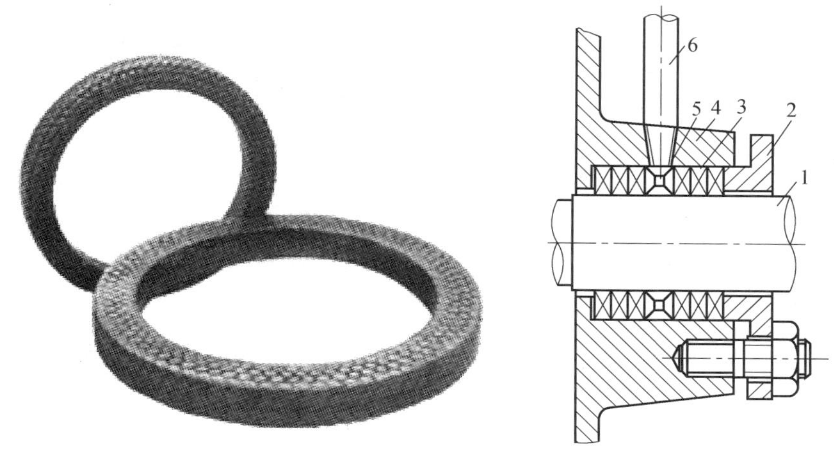

图 2—3—5　填料及填料位置

1—轴　2—压盖　3—填料　4—填料箱　5—液封环　6—引液管

充了这个空间。继而吸入的水又被叶轮甩出经蜗壳而进入出水管。由此可见，若离心泵叶轮不断旋转，则可连续吸水、压水，水便可源源不断地从低处扬到高处或远方。综上所述，离心泵是由于在叶轮的高速旋转所产生的离心力的作用下，将水提向高处的，如图 2—3—6 所示。

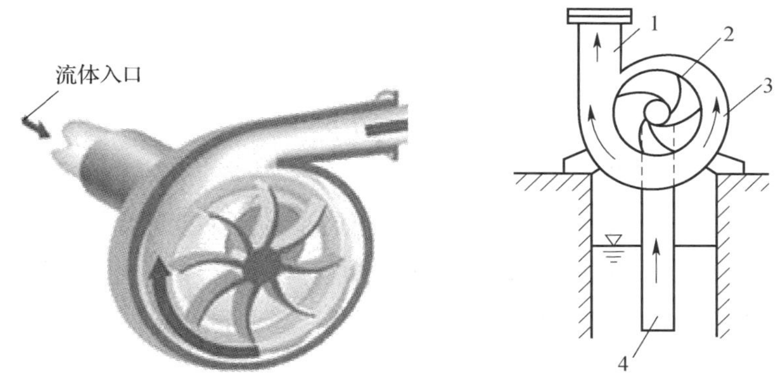

图 2—3—6　离心泵的工作原理

1—压水管　2—叶轮　3—泵壳　4—吸水管

二、离心泵的基本参数和型号

1. 离心泵的基本参数

离心泵的基本参数反映了水泵的主要性能，如扬程、流量、转速、功率与效率、允许吸上真空高度等，这些数据都标在水泵的铭牌上。

（1）扬程

单位质量的水通过水泵后所获得的能量，也就是泵出口总水头与进口总水头之差，用 H 表示，其单位为 m，即

$$H = Z_2 - Z_1$$

式中 Z_2——水泵进口总水头；

Z_1——水泵出口总水头。

（2）流量

水泵在单位时间内所输送的液体体积，称为水泵的流量，用 Q 表示，单位为 m^3/h 或 L/s、m^3/s。

（3）转速

指水泵叶轮每分钟旋转的次数，单位为 r/min。常用转数有 2 900 r/min、1 450 r/min、980 r/min、750 r/min。选用电动机时，电动机的转速必须与水泵的转速一致。

（4）功率与效率

水泵的功率是指水泵在单位时间内所做的功，即单位时间内通过水泵的液体所获得的能量，用符号 N 表示，单位为 kW。水泵的这个功率称为有效功率。

电动机传递给水泵轴的功率称为轴功率，轴功率大于有效功率，用符号 $N_{轴}$ 表示，轴功率除包括水泵的有效功率外，还包括水泵在运转过程中由于各种原因损失的功率。

水泵的效率为水泵的有效功率与轴功率的比值，用符号 η 表示，即

$$\eta = N/N_{轴} \times 100\%$$

从上面的关系可以看出，泵的效率越高，说明泵所做的有效功率越大，损耗的功率越小，水泵的效能越高，因此，效率是评价水泵性能的一个重要参数。

水泵铭牌上的配套功率是电动机的功率，用符号 $N_{机}$ 表示。配套功率比水泵的轴功率还要大一些，两者的比值称为备用系数，用 K 表示，K 值一般取 1.15～1.5，即

$$N_{机} = KN_{轴} = KN/\eta$$

（5）允许吸上真空高度

为了防止发生气蚀现象，每一台水泵有一个允许吸上真空高度，是由实验求出的，指在一个标准大气压、水温为 20℃时水泵进口处允许达到的最大真空值（真空度），用 H_s 表示，此值通常标在铭牌上。使用水泵时，泵进口处的真空度不能超过此值。

由于使用水泵时，往往不是在一个标准大气压和水温 20℃的条件下运转，而水在不同压力和不同温度下有不同的汽化压力，因此就有不同的允许吸上真空高度，所以必须根据实际情况对真空高度 H_s 进行修正。

2. 离心泵的型号

离心泵的型号代表水泵的构造特点、工作性能和被输送介质的性质等。由于水泵的品种繁多，规格不一，所以型号也较繁杂，水泵的型号一般由进出口尺寸、泵的类型和流量计、扬程等内容组成。

例如 40LG12—15 的含义：40 表示进出口直径（mm），LG 表示高层建筑给水泵（高速）。

三、离心泵的引水设备

离心泵的工作是建立在水流连续的基础上的，因此水泵在启动前必须使泵壳和吸水管充满水。当泵轴的位置在吸水池水面以下时，水泵处于自灌状态，只要将泵壳顶上的排气阀打开，把空气排出，泵壳及吸水管即可灌满水。当泵轴的位置高于吸水池水面时，即非自灌状态，必须设置引水设备。常用的引水装置有以下几种：

1. 有底阀引水

离心泵吸水管直径在 300 mm 以下时，可以采用底阀灌水启动。此法的缺点是水头损失较大，并需经常清洗和修理。

（1）压力水管引水

离心泵启动前的充水，可由旁边的压力水管接入。水泵吸水管较短时，也可由水泵出水管接出的旁通管注入，如图 2—3—7 所示。先关闭切断阀，打开旁通阀和排气阀，压力水流入泵壳和吸水管中。由于底阀是关闭的，水逐渐灌满泵壳和吸水管，使空气排出，直到排气阀有水出来，这时将排气阀和旁通阀关闭，就可启动水泵把池水吸上来。

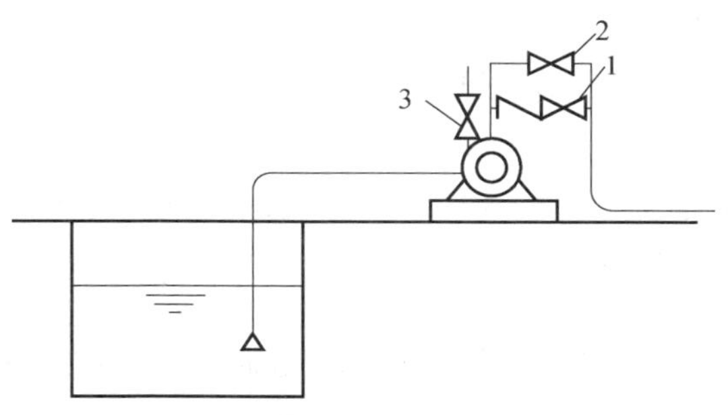

图 2—3—7　启动前水泵的灌水排气

1—切断阀　2—旁通阀　3—排气阀

（2）高架水箱灌水

当吸水管较短，所需注入水量不多时，可采用高架水箱灌水，如图 2—3—8 所示，一般适用于无人管理的小型泵送站。这一装置是将有压力的水管接到高架水箱，水箱满时浮球阀浮起，停止进水。在水箱底部有出水管接到水泵，使得泵壳和吸水管里灌满水。

2. 无底阀引水

（1）真空泵引水

当吸水管较长或管径较大时，经常采用真空泵引水的方法。其优点是启动迅速，效率较高，适用于启动各种型号的水泵。其工作原理是依靠真空泵的运行在泵壳内造成真空，吸水池的水在大气压的作用下进入泵体，使泵壳和吸水管充水。

（2）水射器引水

水射器引水是利用压力水通过水射器喷嘴处产生高速水流，使喉管进口处形成真空的原理将泵内的空气抽走。水射器接在泵房的压力管路上，水射器的吸水管应连接于水泵的最高点，当水射器开始带出被吸水时就可启动水泵，如图 2—3—9 所示。

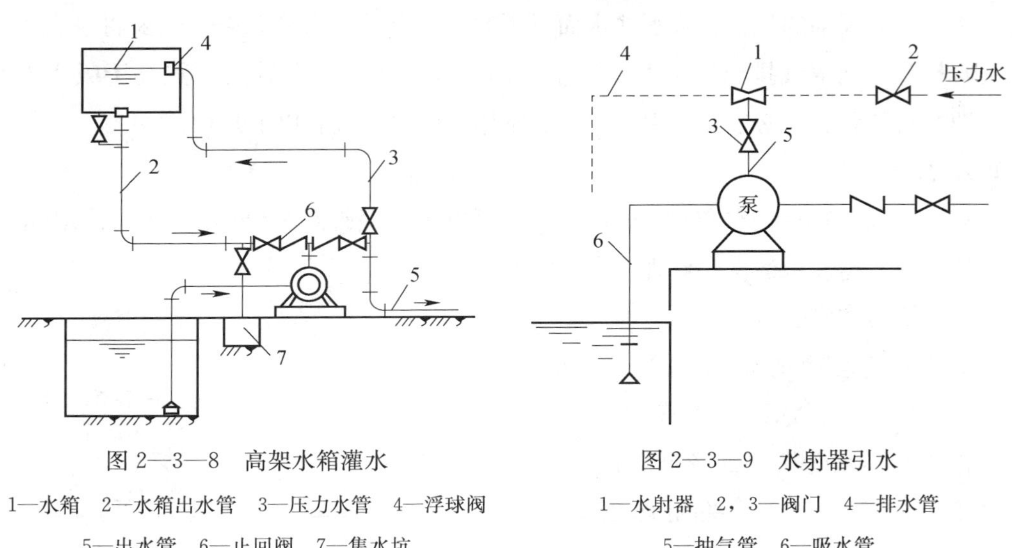

图 2—3—8　高架水箱灌水

1—水箱　2—水箱出水管　3—压力水管　4—浮球阀　5—出水管　6—止回阀　7—集水坑

图 2—3—9　水射器引水

1—水射器　2，3—阀门　4—排水管　5—抽气管　6—吸水管

水射器具有结构简单，占地少，安装方便，工作可靠和维修简单等优点，是一种常用的引水设备。缺点是效率较低，并需供给大量的高压水。

四、离心泵的布置

1. 水泵机组的布置

（1）水泵机组的布置形式

水泵房内水泵机组的平面布置有横向排列、纵向排列和横向双行排列三种形式。

1）横向排列。数台水泵横向排成一列，其优点是泵房跨度小，敷设管线较短，管配件简单，管路便于连接；缺点是水泵房的长度较长，建筑造价高，如图 2—3—10 所示。

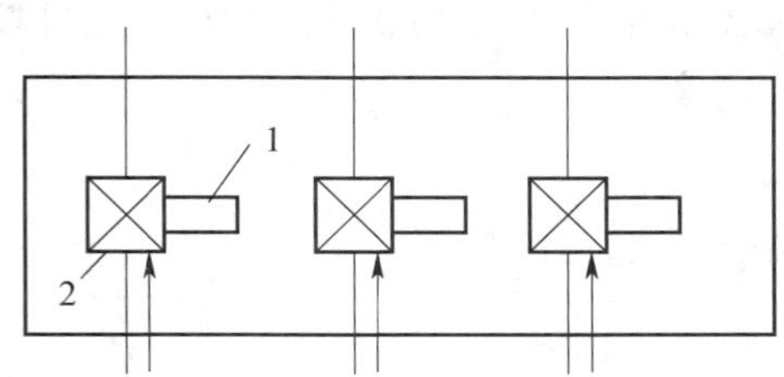

图 2—3—10　矩形泵站内机组横向排列

1—电动机　2—水泵

2）纵向排列。其水泵机组布置得比较紧凑，管线便于安装，也便于操作，占用面积比横向排列稍小些；缺点是所需配件尤其是弯头较多，水力条件较差，泵房跨度大，如图 2—3—11 所示。

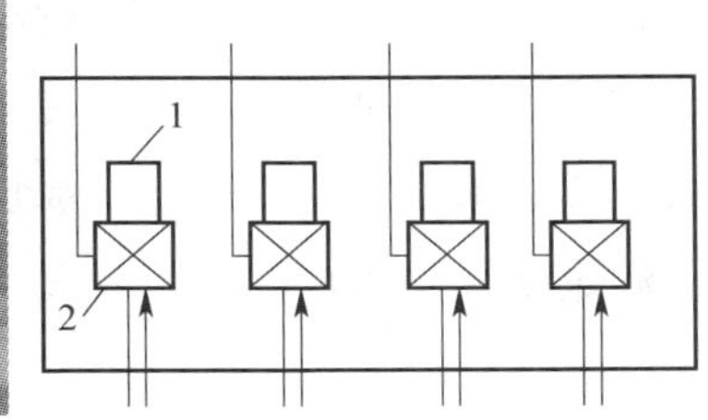

图 2—3—11　矩形泵站内机组纵向排列

1—电动机　2—水泵

3）横向双行排列。横向双行排列的优点是水泵机组布置紧凑，管道可布置在泵房两侧，不需要横穿泵房，通道较宽敞，便于维修，所占面积最小；缺点是管线走向复杂，所需配件较多，泵房跨度较大，如图 2—3—12 所示。

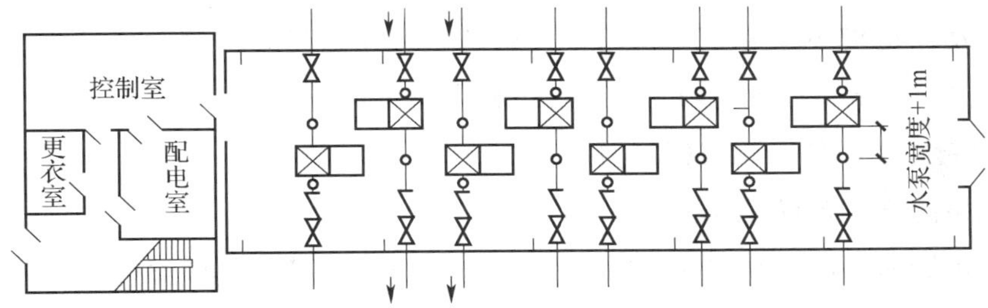

图 2—3—12　矩形泵站内机组横向双行排列

（2）水泵的串联与并联

在实际工作中，为了增加系统中的水流量和提高扬程，有时需要两台或两台以上的水泵联合运行。水泵的联合运行可分为并联和串联两种，如图 2—3—13 所示。

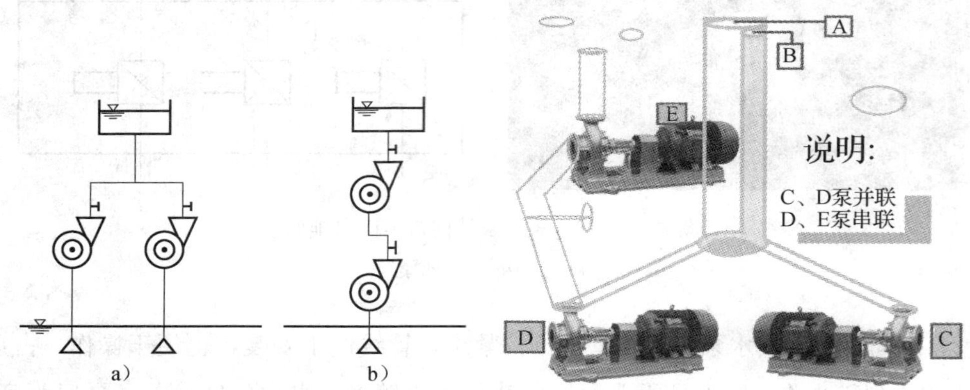

图 2—3—13　水泵联合工作示意图

a）并联工作图式　b）串联工作图式

1）水泵的串联。如图 2—3—14 所示，将第一台水泵的压水管与第二台水泵的吸水管相连接，水由第一台泵吸入，立即转输给第二台泵，再由第二台泵输送到用水点，这种运行方式，称为水泵的串联运行。水泵的串联运行可提高扬程，使通过水泵的水压力升得更高，满足系统中用户的使用要求。

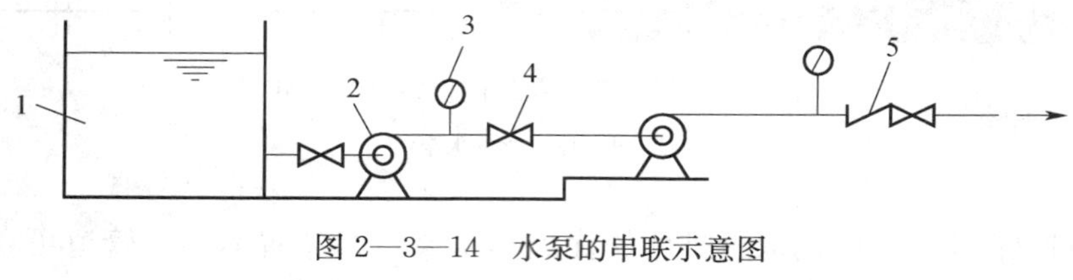

图 2—3—14　水泵的串联示意图

1—水池　2—水泵　3—压力表　4—闸阀　5—止回阀

2）水泵的并联。水泵的并联运行如图 2—3—15 所示，用两台或两台以上的水泵向同一管路供水。这种运行方式，在同一扬程的情况下，可以获得比单机工作时大的流量，而且当系统中需要的流量较小时，可以停开一台，进行调节，使运行费用降低。

2. 水泵管路及附件安装注意事项

（1）水泵的管路布置安装

水泵吸水管和出水管的布置与安装直接影响水泵的使用，如果布置不合理，安装不正确，接头不严密，水泵的流量就会降低，运行不稳定，因此必须重视水泵管路的布置和安装。图 2—3—16 所示为离心泵管路与附件的安装示意图。

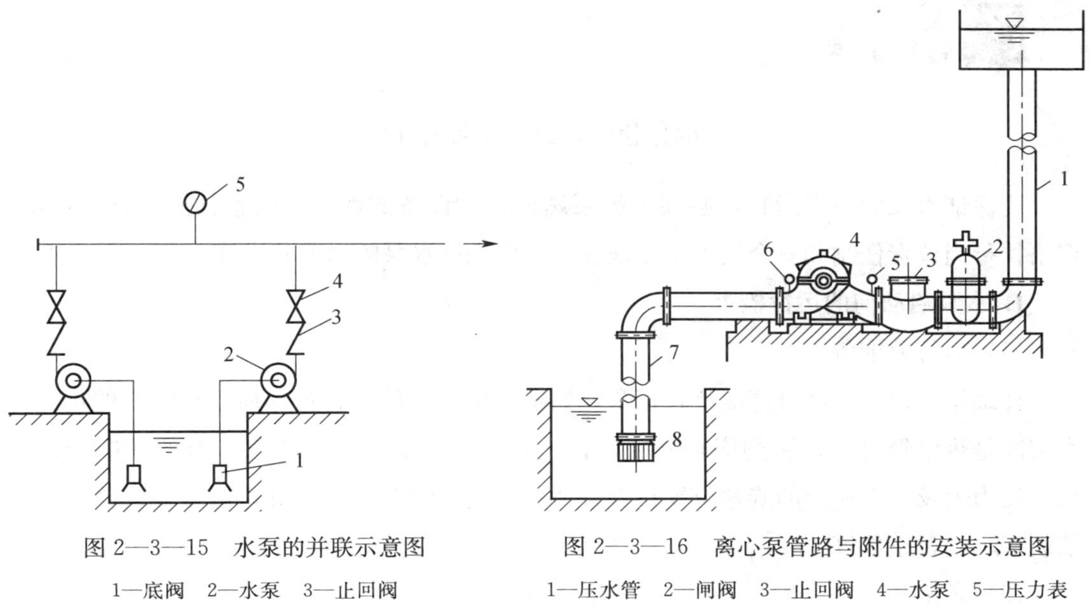

图2—3—15　水泵的并联示意图

1—底阀　2—水泵　3—止回阀

4—闸阀　5—压力表

图2—3—16　离心泵管路与附件的安装示意图

1—压水管　2—闸阀　3—止回阀　4—水泵　5—压力表

6—真空表　7—吸水管　8—滤网和底阀

(2) 泵站内管道敷设的注意事项

1) 泵站内的管道，可以采用钢管或铸铁管，管道与水泵进出管的连接，与闸门和单向阀的连接管皆采用法兰连接，其他采用焊接，泵站内不采用承插连接，原因是检修较为困难。

2) 埋深较大的地下式泵房和一级泵房的吸水、压水管道沿地面敷设，地面式泵房或埋深较浅的泵房宜采用管沟内敷设管道，可使泵房简洁，管理方便，维修场地宽敞。

3) 互相平行敷设的管道，其净距应在400～500 mm以上。闸门、逆止阀管道转弯处应设置承重支墩，以防止管件自重及水流作用所引起的作用力传至泵体，引起泵轴扭曲而损坏。

4) 架空管道应安装于沿壁的支墩上，管底距地面不得小于2.0 m，不得安装在电气设备之上。

5) 管道不得穿越机组基础及柱子，当穿越地下泵房的墙壁及吸水池壁时，应做好穿墙钢套管，以防漏水。

6) 水泵吸水管一般采用一泵一管，即每台水泵单独设吸水管。吸水管要短，长度不宜超过50 m，尽量少转弯，以减少管路水头损失。为防止吸水管内存有空气，吸水管的水平部分应有不小于0.005沿水流方向上升的坡度。

技能训练

水泵的日常运行与维护

要保证水泵的正常运行，必须了解泵站内各种设备的性能，熟悉其操作管理技术，严格执行岗位责任制和安全技术操作规程，定期进行水泵的保养和维修。

1. 水泵启动前的运行检查

(1) 运行前准备

仔细检查设备各部分情况是否正常，如轴承中润滑油是否量够质好；水泵的进、出水闸阀是否已经打开，否则应打开闸阀；检查水泵机组是否有空气，有的话应予以排出；压力表及真空表上的旋塞位置是否合适；供配电设备是否完好，电压表、信号灯等仪表指示是否正常等。

(2) 盘车

用手转动机组的联轴器 3 圈，检查其转动是否灵活，有无异常声响。目的是为了检查水泵及电动机有无异常情况，是否有转动零件松脱后卡住、杂物堵塞、填料过紧或过松、轴承缺油及轴承弯曲变形等问题。

(3) 水泵引水

打开吸水管阀门，关闭出水管阀门或启动真空泵，以排除泵壳及吸水管内的空气，在水泵吸入口处造成抽吸液体所必需的真空值。观察水泵顶上的抽气管，若抽气管中已有液体，说明注水成功。

2. 水泵的启动与停止操作

(1) 水泵的启动

准备就绪后，打开水泵控制柜的电源开关，将转换开关置于“手动”位置。启动水泵的启动按钮，水泵启动时，注意观察启动电流，如果一次不能启动成功，可以再试启动两次，每次应间隔 3 min，如果三次未启动成功，应停下来查找原因，排除故障后才能再启动。如果启动成功，水泵运转 5 min 以上，同时观察运转时电流表指示，确定运转时有无异常情况（如异常声响、异常气味等），检查运转时水泵漏水是否严重，是否漏水成线。若出现漏水严重情况，查找原因，水泵停止运转后进行维修。维修完毕后再次按上述要求启动水泵。若一切正常，按水泵“停止”按钮，水泵停止。然后将水泵开关置于“自动”位置，水泵自动启动并运行。稳定后，打开真空表和压力表上的阀门，并注意其读数是否上升，当压力表读数上升至水泵零流量时的空转扬程，表明水泵已经上压，可逐渐开启出水阀，此时压力表读数徐徐下降，电流表读数逐渐上升，到达正常运行数值后，使出水阀门全开，水泵启动工作完毕。

（2）水泵的停止

水泵在正常运转过程中，若要停止水泵，需缓缓关闭出水闸阀，待阀门全闭后，将转换开关置于“停止”位置，切断电源水泵停止运转。关闭真空表及压力表上的阀门，擦净泵和电动机表面的水和油。如果需要长时间停止运转或检查，应拉下电源开关，关闭水泵的进出水闸阀。

3. 水泵运行中的维护与管理

水泵在运行过程中，水泵管理员每 2 h 巡视一次，检查有无下列不正常现象出现，若有，应及时查找原因，进行修理；严重时，要立即停泵检修，以免损坏机组或发生事故。

（1）水泵机组有无不正常的噪声或振动。

（2）检查各个仪表工作是否正常、稳定。若电流表指针突然升高又剧烈摆动，应立即切断电源和停泵，以免发生烧坏电动机的严重事故。若电流表读数超过额定电流，可能是由于叶轮被杂物卡住、轴承损坏、密封环互摩、电网中电压降太大等原因引起的；反之可能由于吸水底阀或出水闸阀未打开或开度不足、水泵气蚀或进气等原因，导致电流表读数过小。无论电流是过大还是过小，均应及时停泵检查。

（3）以填料处滴水量反映其松紧度，滴水呈滴状连续渗出为适度。若填料处发热不滴水，则填料压得过紧；若填料处漏水很多或进气，则填料可能过松，可通过填料压盖螺栓来控制滴水量。

（4）检查水泵与电动机的轴承和机壳温升。轴承温升一般不得超过环境温度 35℃，最高温度不得超过 75℃。如感到烫手不能多摸时，应停泵检查。注意油位是否太低，油环是否转动灵活，填料压盖是否正常，水封冷却水是否适量，螺栓是否松动等。

（5）按规章制度，定时巡视，并记录水泵的流量、扬程、电流、电压、功率因数等有关技术数据。

水泵的检修

为使水泵能高效率地安全运转，除进行一些经常性的维护管理外，水泵应进行定期检修。定期检修的时间和内容，视水泵每天运行的时间、水泵构造和经常性维护情况而定。

1. 水泵的保养与检修

水泵每半年进行一次全面养护。养护内容主要有：检查水泵轴承是否灵活，如有阻滞现象，应加注润滑油；如有异常摩擦声响，则应更换同型号规格轴承；如有卡住、碰撞现象，则应更换同规格水泵叶轮；如轴键槽损坏严重，则应更换同规格水泵轴；检查压盘根处是否漏水成线，如是则应加压盘根；清洁水泵外表，若水泵脱漆或锈蚀严重，则应彻底铲除脱落层油漆，重新刷油漆；检查电动机与水泵弹性联轴器有无损坏，如损坏则应更换；检查机组螺栓是否紧固，如松弛则应拧紧。机件如有损坏或磨损，应进行修理或更换。

2. 水泵常见故障及排除方法

水泵在启动后及运行中经常出现的问题和故障，以及其原因分析与解决方法可见表2—3—1。

表 2—3—1 水泵常见问题和故障的原因分析与解决方法

问题或故障	原因分析	解决方法
启动后出水管不出水	（1）进水管和泵内的水严重不足 （2）叶轮旋转方向反了 （3）进水和出水阀门未打开 （4）进水管部分或叶轮内有异物堵塞	（1）将水充满 （2）调换电动机任意两根接线位置 （3）打开阀门 （4）清除异物
启动后出水管压力表有显示，但管道系统末端无水	（1）转速未达到额定值 （2）管道系统阻力大于水泵额定扬程	（1）检查电压是否偏低，填料是否压得过紧，轴承是否润滑不够 （2）更换合适水泵或加大管径、截短管路
启动后出水管压力表和进水管真空表指针剧烈摆动	有空气从进水管随水流进入泵内	查明空气从何而来，并采取措施杜绝
启动后一开始有出水，但立刻停止	（1）进水管中有大量空气积存 （2）有大量空气吸入	（1）查明原因，排除空气 （2）检查进水管、口的严密性，以及轴封的密封性
在运行中突然停止出水	（1）进水管、口被堵塞 （2）有大量空气吸入 （3）叶轮严重损坏	（1）清除堵塞物 （2）检查进水管、口的严密性，以及轴封的密封性 （3）更换叶轮
轴承过热	（1）润滑油不足 （2）润滑油（脂）老化或油质不佳 （3）轴承安装不正确或间隙不合适 （4）水泵与电动机的轴不同心	（1）及时加油 （2）清洗后更换合格的润滑油（脂） （3）调整或更换 （4）调整找正
填料函漏水过多	（1）填料压得不够紧 （2）填料磨损 （3）填料缠法错误 （4）轴有弯曲或摆动	（1）拧紧压盖或补加一层填料 （2）更换 （3）重新正确缠放 （4）校直或校正

续表

问题或故障	原因分析	解决方法
泵内声音异常	（1）有空气吸入，发生汽蚀 （2）泵内有固体异物	（1）查明原因，杜绝空气吸入 （2）拆泵清除
泵体振动	（1）地脚螺栓或各连接螺栓螺母有松动 （2）有空气吸入，发生汽蚀 （3）轴承破损 （4）叶轮破损 （5）叶轮局部有堵塞 （6）水泵与电动机的轴不同心 （7）水泵轴弯曲	（1）拧紧 （2）查明原因，杜绝空气吸入 （3）更换 （4）修补或更换 （5）拆泵清除 （6）调整找正 （7）校直或更换
流量达不到额定值	（1）转速未达到额定值 （2）阀门开度不够 （3）输水管道过长或过高 （4）管道系统管径偏小 （5）有空气吸入 （6）进水管或叶轮内有异物堵塞 （7）密封环磨损过多 （8）叶轮磨损严重 （9）叶轮紧固螺钉松动使叶轮打滑	（1）检查电压、填料、轴承 （2）开到合适开度 （3）缩短输水距离或更换合适水泵 （4）加大管径或更换合适水泵 （5）查明原因，杜绝空气吸入 （6）清除异物 （7）更换密封环 （8）更换叶轮 （9）拧紧该螺钉
电动机耗用功率过大	（1）转速过高 （2）在高于额定流量和扬程的状态下运行 （3）填料压得过紧 （4）水中混有泥沙或其他异物 （5）水泵与电动机的轴不同心 （6）叶轮与蜗壳摩擦	（1）检查电动机、电压 （2）调节出水管阀门开度 （3）适当放松 （4）查明原因、采取清洗和过滤措施 （5）调整找正 （6）查明原因，消除

水泵控制柜与水泵电动机的维修养护

1. 水泵控制柜的维修养护

对水泵控制柜每半年进行一次全面养护。维修养护内容主要有：清洁柜内所有元器件、外壳，务必使柜内无积尘、无污物；检查、紧固所有的接线头，对于锈蚀严重的接线头应更换，检查柜内所有的线头的号码管是否清晰，有无脱落，如有及时整改，对于交流接触器，应清除灭弧罩内的碳化物和金属颗粒，清除触头表面的污物，不能正常工作的触头应更换；检查复位弹簧是否正常工作，然后拧紧所有紧固件；自耦减压启动器的电阻不低于 0.5 MΩ，否则应进行干燥处理；外壳接地可靠，如有松脱或锈蚀则应做除锈处理，然后拧紧接地线；热继电器的绝缘盖板应完整无损，导线接头有无过热痕迹或烧伤，如有则维修或更换；自动空气开关电阻应不低于 100 MΩ，否则应烘干，在开关闭合或断开过程中，应无卡位现象，触头表面应清洁干净；中间继电器、信号继电器应做模拟试验，检查动作是否可靠，信号输出是否正确；信号灯、指示灯是否指示正常，如有偏差应调整或更换；运转压力表信号线接头是否腐蚀，如有则重新焊接或更换。

2. 水泵电动机的维修养护

外观检查应整洁、铭牌完好，接地线连接良好，用兆欧表检测绝缘电阻，电阻应不低于 0.5 MΩ，否则应烘干处理，电动机接线盒内三相导线及连接片应牢固紧密，检查电动机轴承有无阻滞或异常声响，电动机风叶有无碰壳现象，清洁外壳，看外壳是否脱漆严重，若严重应重新油漆。

思考与练习

1. 离心泵的主要工作部分有哪些？它具有哪些优点？
2. 简述离心泵的工作原理。
3. 水泵房内水泵机组的平面布置有哪些形式？
4. 简述泵站内管道敷设的注意事项。
5. 水泵的常见故障有哪些？应该如何排除？

第 3 章　室内给水系统管理与维修

室内给水系统是自室外给水管网取水，靠水压作用，经配水管网，以各种方式将水分配给室内各个水点供人们生活、生产之用，并满足生活用水对水质、水量和水压要求的供水系统。本章主要介绍居住小区室内给水系统的组成和类型、室内管网设备、材料附件的运行管理和维修等。

第 1 节　室内给水系统及管道施工

建筑内部给水系统的任务是根据各类用户对水量、水压的要求，将水由城市给水管网（或自备水源）输送到装置在室内的各种配水龙头、生产机组和消防设备等各用水点。

一、室内给水系统的类型与组成

1. 室内给水系统的类型

室内给水系统根据用途一般可分为生活给水系统、生产给水系统和消防给水系统三类。

（1）生活给水系统

供人们日常生活饮用、烹调、洗涤、盥洗和沐浴等用水，如图 3—1—1 所示。水质必须符合国家规定的生活饮用水卫生标准。

（2）生产给水系统

供车间生产用水。例如设备冷却用水、锅炉用水等。由于工艺不同，生产用水对水质、水量、水压及安全方面的要求差异很大。

（3）消防给水系统

供扑救火灾的消防用水。消防用水对水质要求不高，但必须按建筑防火规范保证有足够的水量和水压。

在工业企业内，给水系统视生产工艺情况而定，系统比较复杂的，可以设置若干个

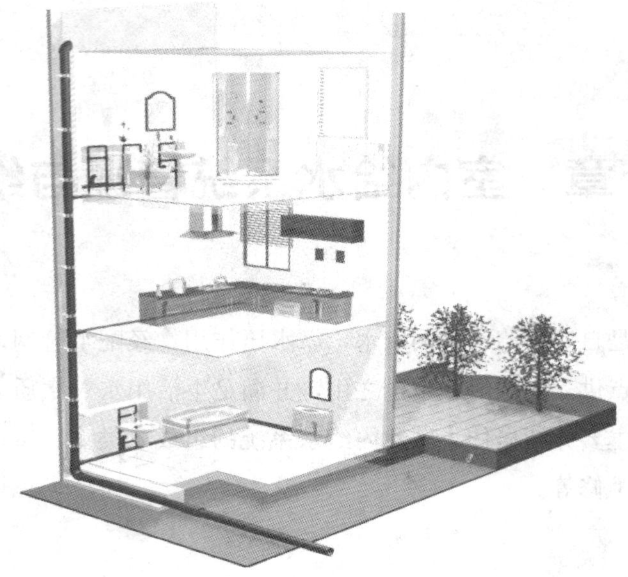

图 3—1—1 生活给水系统

单独给水系统。为了节约用水，在能够满足水质、水量、水压和安全要求的条件下，应尽量使水得到充分利用，可以设置循环给水系统。

2. 室内给水系统的组成

室内给水系统通常由引入管、水平干管、立管、支管计量设备、给水附件、升压和储水设备、室内消防设备等组成，如图 3—1—2 所示。

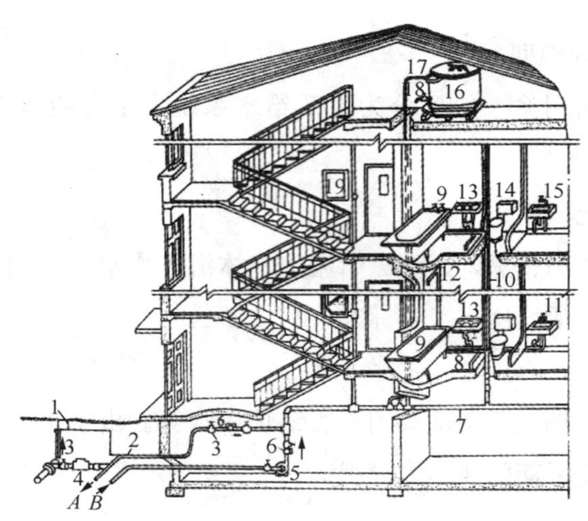

图 3—1—2 室内给水系统

1—阀门井 2—引入管 3—闸阀 4—水表 5—水泵 6—逆止阀 7—干管 8—支管 9—浴盆 10—立管 11—水龙头 12—淋浴器 13—洗脸盆 14—大便器 15—洗涤盆 16—水箱 17—进水管 18—出水管 19—消火栓 *A*—进储水池 *B*—来自储水池

（1）引入管

引入管又称进户管，是将水自室外总管通过建筑物外墙引向室内的水平管段。

（2）水平干管

水平干管又称横干管，是自引入管至各立管间的水平管段。

（3）立管

立管又称竖管，是自水平干管沿垂直方向将水送至各楼层支管的管段。

（4）支管

支管又称配水管，是自立管至配水龙头或用水设备之间的短管。

（5）计量设备

室内给水通常采用水表计量。必须单独计量水量的建筑物，应在引入管上装设水表；建筑物的某部分和个别设备需计量水量时，应在其配水支管上装设水表；对于民用住宅，还应安装分户水表，分户水表设在分户支管上。

（6）给水附件

给水附件是指用以控制水量和关闭水流的各种阀门，如闸阀、止回阀等各式阀门及各式配水龙头等。

（7）升压和储水设备

在室外给水管网压力不足或建筑物内部对安全供水、水压稳定有要求时，需设置各种附属设备，如水箱、水泵、气压装置、水池等升压和储水设备。

（8）室内消防设备

按照建筑物的防火要求及规定需要设置消防给水时，一般应设消火栓消防设备。有特殊要求时，另专门装设自动喷水灭火或水幕灭火设备等。

升压设备和消防设备需根据建筑物的性质、高度、消防要求及室外给水管网所能提供的水压等各种不同因素，综合考虑设置问题。

二、室内给水方式与升压设备

1. 室内给水方式

室内给水的方式就是室内给水管道的供水方案。室内给水方式的选择必须依据用户对水质、水压和水量的要求，室外管网所能提供的水质、水量和水压情况，卫生器具及消防设备在建筑物内的分布，用户对供水安全可靠性的要求等条件来确定。其基本形式有直接给水方式、设置水箱给水方式、设水箱和水泵的给水方式、分区给水方式和环状给水方式五种。

（1）直接给水方式

室内给水管道系统与室外供水管网直接相连，利用室外管网压力直接向室内给水系统供水，如图3—1—3所示。

这种给水方式的干管一般布置为下行上给式，给水干管设在底层地面以下，直接埋地敷设在地沟中或地下室内。

直接给水方式的优点是给水系统简单，投资少，安装维修方便，并能充分利用室外管网水压，供水较为安全可靠。其缺点是系统内部无储备水量。当室外管网停水时，室内系统立即断水。

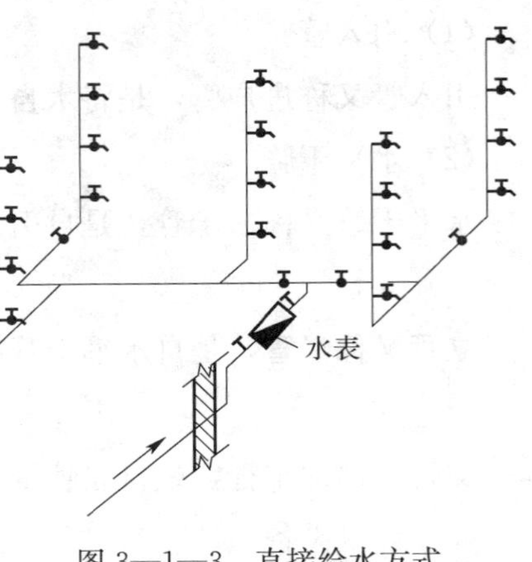

图3—1—3　直接给水方式

（2）设置水箱的给水方式

室外给水管网的水压昼夜周期性不足时，在建筑物内部设有管道系统和屋顶水箱（也称高位水箱），室内给水系统与室外给水管网直接连接，如图3—1—4所示。当水压高时，箱内蓄水，当水压低时，箱中存水放出，以补充供水的不足，这样可以克服城市配水管中心压力波动，使供水稳定。

这种给水方式一般布置为上行下给式，给水管设置在顶层天棚以下、窗口以上。

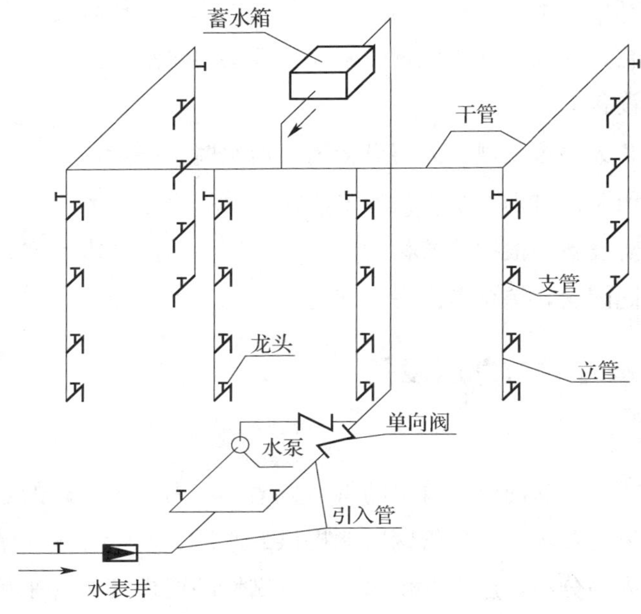

图3—1—4　设置水箱的给水方式

设置水箱的给水方式优点是系统比较简单，投资较小；充分利用室外管网压力供水，节省电耗；系统具有一定的储备水量，供水的安全可靠性较好。其缺点是系统设置了高位水箱，增加了建筑物结构荷载，并给建筑物的立面处理带来一定困难。

如图3—1—5所示是设置水箱给水方式的另一种形式。建筑物下面几层由室外管网直接供水，上面几层采用设置水箱的给水方式，这样既可以减小水箱的容积，又能充分利用室外管网的压力。

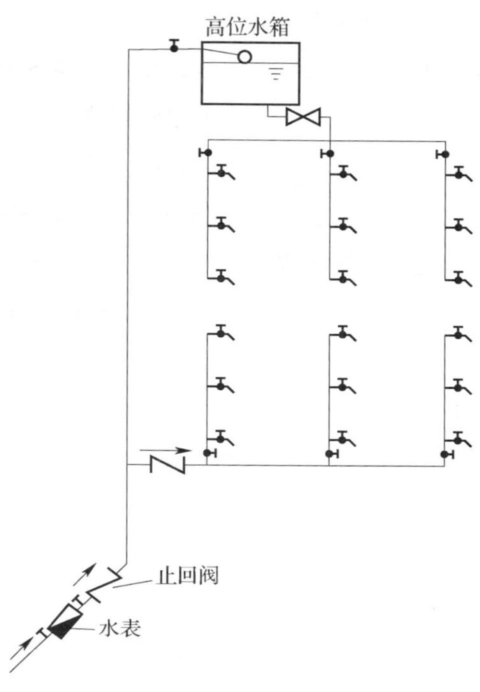

图3—1—5　下层直接供水、上层设置水箱的给水方式

（3）设水箱和水泵的给水方式

当室外管网的水压低于或周期性地低于室内所需要的供水压力，而且室内用水量又很不均匀时，宜采用设置水泵和水箱的联合给水方式，如图3—1—6所示。

这种给水方式的优点是：用水泵提高供水压力的同时向管网供水，水可以高效率运行，箱中水满时，可以停泵，节省能源；水泵用浮子继电器等装置自动控制，供水安全可靠。但这种给水方式的一次性投资较大，运行费用较高，维护管理较麻烦。

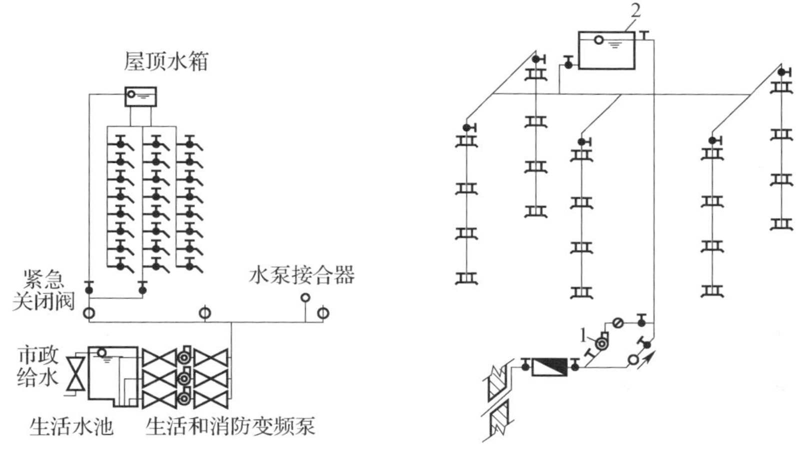

图3—1—6　设水箱和水泵的给水方式

1—水泵　2—水箱

（4）分区给水方式

在多层建筑和高层建筑中，给水立管如果过高，由于管内静水压力过大，会使下层管网中管道接头及附件因受过高压力而损坏，配水龙头放水时产生喷溅，水锤和噪声也会加剧，不利于供水。为了保证多层建筑中给水管网受压均匀，可采用竖向分区的给水方式，就是每隔4～5层设一个水箱，必要时中间还可设水泵，如图3—1—7所示。

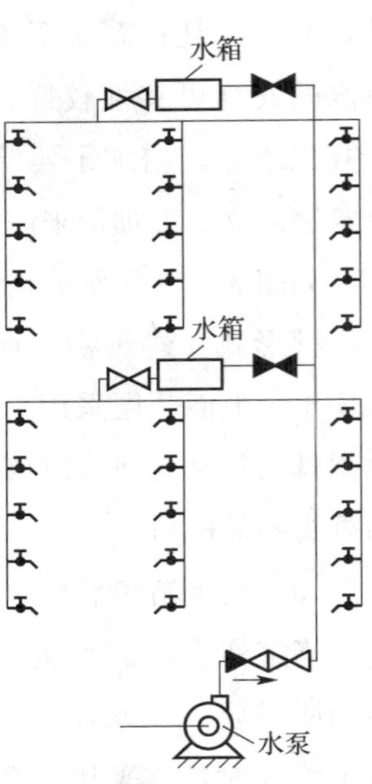

图3—1—7 分区给水方式

如果建筑物内部设有消防装置，消防水泵则要按上下两区用水考虑。这种给水方式对建筑物低层设有洗衣房、澡堂、大型餐厅和厨房等用水量大的建筑物有较大意义。

（5）环状给水方式

按照用户对供水可靠程度的要求不同，管网分为枝状式和环状式。一般建筑物中均采用枝状式，在任何时间都不允许间断供水的大型公共建筑、高层建筑和某些生产车间需采用环状式，如图3—1—8所示。

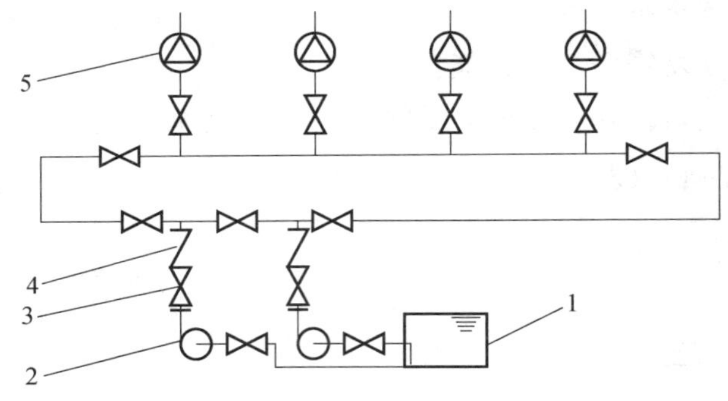

图3—1—8 环状给水方式

1—水池 2—水泵 3—闸阀 4—止回阀 5—报警阀

2. 升压设备

当建筑物较高、城市给水管网压力较低、供水压力不足时，需要设置升压设备，提高进入建筑物内水流的压力，以满足用水要求。升压设备常用水泵、水箱及气压设备等。

（1）水泵

用水泵升压一般有直接增压和水池增压两种，其连接方式和特点见表3—1—1。水泵应设置在光线充足、通风良好和冬季不冰冻的房间内。在有防震要求或须控制噪声的区域，不得设置水泵。水泵宜有消声及减震措施。

表3—1—1 水泵直接增压和水池增压方式

增压方式	相关说明
直接增压	水泵的吸水管直接与室外给水管网连接，如图3—1—9所示。抽水供室内给水系统使用，这种方式可以利用室外水压，耗电量少，节约日常运行费用，但要考虑是否会降低配水管网的压力，而影响附近地区的用水，故应经城市市政管理部门同意后才能设置
水池增压	当水泵不允许直接从室外给水管网吸水时，必须建造蓄水池，水泵从池中吸水，如图3—1—10所示。这种装置为水池水泵装置，这种方式储存有一定的水量，供水安全可靠，但不能利用城市给水管网的水压，消耗电能较多

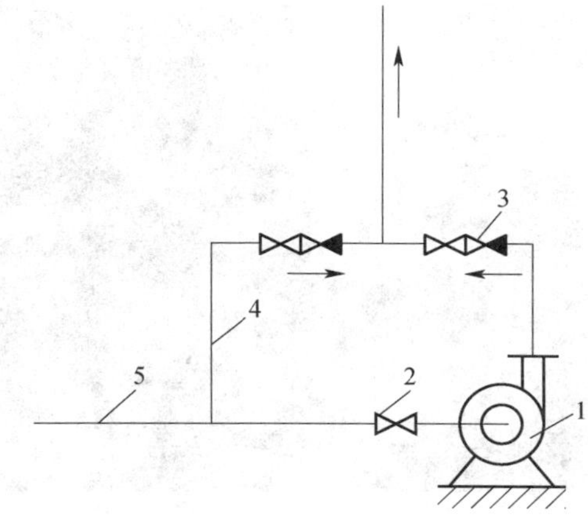

图3—1—9 直接增压水泵装置

1—水泵 2—闸阀 3—止回阀

4—旁通管 5—室外进水管

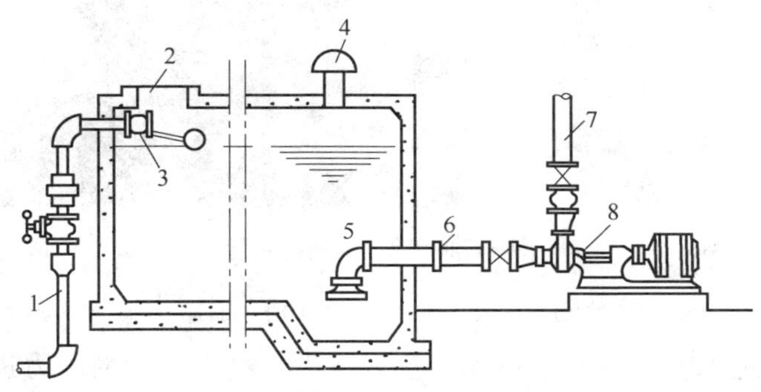

图3—1—10 水池增压水泵装置

1—进水管 2—检修孔 3—浮球 4—透气孔

5—水池 6—吸水管 7—压水管 8—水泵

（2）水箱

水箱是室内给水系统储存、调节和稳定水压的设备，一般安装在楼顶，如图 3—1—11 所示。水箱一般有圆形和矩形两种，过去一般用钢筋混凝土或钢板制造，钢筋混凝土适合制作大型水箱，可以节省钢材，又很耐用，但壁厚，质量大；钢板适合制作小型水箱，壁薄而且质量轻，但容易锈蚀，使用年限比钢筋混凝土水箱短。近年来出现了不锈钢水箱和混凝土内贴不锈钢板水箱，如图 3—1—12 和图 3—1—13 所示，其结构如图 3—1—14 所示，不锈钢水箱解决了钢制水箱的锈蚀问题。

图 3—1—11　水箱的设置

图 3—1—12　不锈钢水箱

水箱上通常要设置配管及附件，如图 3—1—15 所示。

1）进水管。进水管一般从水箱侧壁接入。当水箱利用管网压力进水时，其进水管上应装设不少于两个浮球阀或液压水位控制阀，浮球阀的直径与进水管的直径相同。为了检修的需要，在每个浮球阀前应设置阀门。进水管距水箱上缘应有 200 mm 的距离，以便安装浮球阀和液压水位控制阀。进水管的管径按给水管网的设计流量或水泵的供水

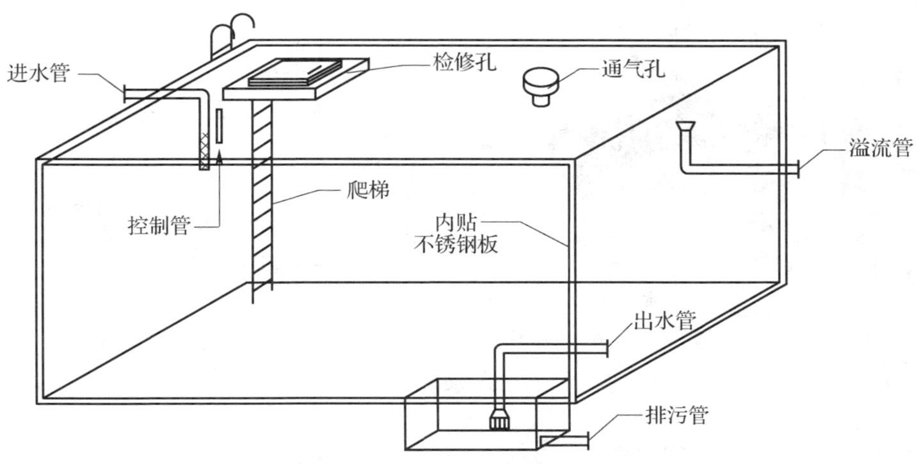

图 3—1—13　混凝土内贴不锈钢板水箱

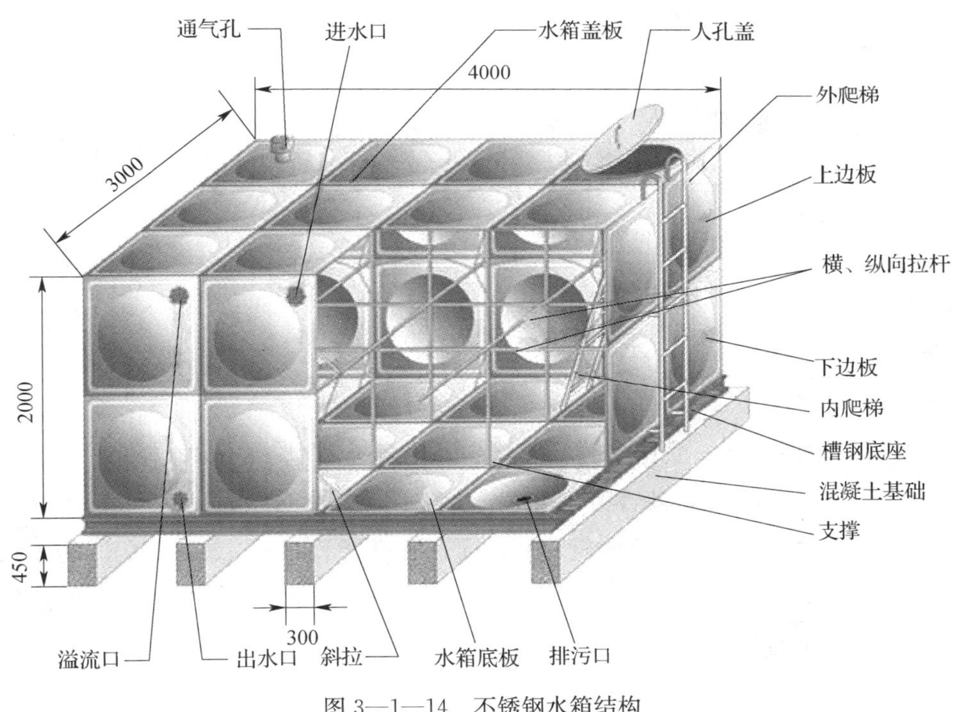

图 3—1—14　不锈钢水箱结构

量确定，由水泵直接供水时，进水管管径与水泵压水管管径相同。

2）出水管。出水管一般从水箱底部或侧壁接出。出水管口最低位置应高出水箱内底部不小于 50 mm，以防箱内污物进入配水系统。出水管可以单设，也可以和进水管共接在一条管道上。进、出水管共用一条管道时，在出水短管上应设止回阀和阀门，以防水流由底部进入水箱。进、出水管分设时，在出水管上设阀门，如图 3—1—16 所示。

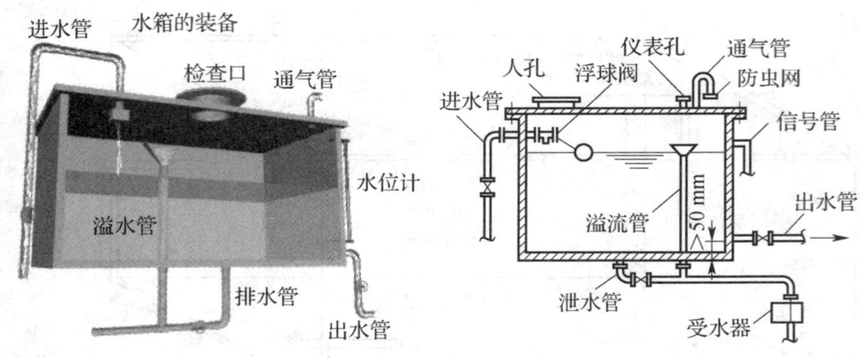

图 3—1—15　水箱配管及附件

出水管管径按设计流量计算确定，一般与进水管管径相同。

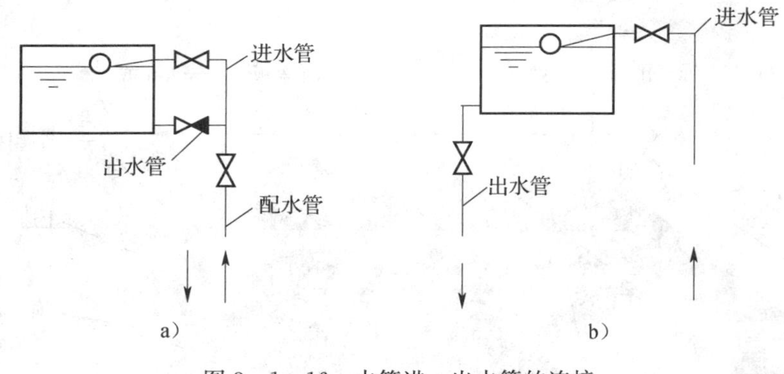

图 3—1—16　水箱进、出水管的连接

a）进、出水管联合设置　b）进、出水管分别设置

3）溢流管。溢流管一般从水箱侧壁接出，用来控制水箱的最高水位。溢流管口应高于设计最高水位 20 mm，其管径比进水管大 1～2 号，但在水箱底下或泄水管与溢流管相连接处以下的管段，可与进水管管径相同。溢流管上不允许装设阀门。为了保护水箱中水质不被污染，溢流管不得与排水系统直接相连，必须连接时，须设空气隔断和水封装置。水箱装置在平屋顶上时，溢水可直接流在屋面上。

4）排水管（或称泄水管）。为了放空水箱的污水和冲洗水箱，在水箱的底部最低处设置排水管，管口由水箱底部接出，连接在溢流管上，管上需设置阀门，管径一般为 40～50 mm。

5）水位信号管。水位信号管比溢流管低 10 mm，以保证水位低于溢水口。信号管接至有值班人员房间的污水盆内，以便随时观察，其管径以 15～20 mm 为宜。若采用电子报警装置时，可不设此管。

6）托盘泄水管。有的水箱设置托盘泄水管，用以收集水箱外壁的凝结水。泄水管接在溢流管上，管径为 32～40 mm。在托盘上管口要设栅网，泄水管上不得设置阀门。

水箱的有效容积一般应根据用水量和流入量的变化曲线确定，但此曲线在实践中往往不易得到，因此，水箱的有效容积大多是由近似计算公式确定。

给水系统中单设水箱不设水泵时，水箱的有效容积可按下式计算：

$$V = Qt$$

式中　V——水箱的有效容积，m^3；

Q——水箱供水的最大连续平均小时用水量，m^3/h；

t——水箱供水的最大连续出水小时数，h。

对生活给水进行概略估算，当系统中设置自动开关水泵时，水箱的有效容积不得小于日常用水量的5%；设置人工开关水泵时，水箱的有效容积不得小于日用水量的12%。

水箱通常直接设置在承重梁上。钢板水箱外壁有可能结露时，可在水箱下面设置有排水管的托盘。钢板水箱的内外壁应涂防锈漆进行防锈处理，水箱托盘外包的镀锌铁皮也应涂两层防锈漆。

水箱的安装高度与建筑物高度、配水管道长度、管径及设计流量有关。水箱的安装高度应满足建筑物内最不利配水点所需的流出水头，并经管道的水力计算确定。

(3) 气压给水装置

1) 气压给水装置特点。气压给水装置就是利用密闭压力水罐内空气的压力，将罐中储水压送到供水系统中去，其作用与屋顶水箱相同。由于供水压力是借助罐内压缩空气维持，因此，气压水罐的位置可不受安装高度和安装位置的限制，可设置在任何高度。气压给水装置的优点是灵活性大，制造简单，污染较小，不妨碍美观，有利于抗震和消除管道中的水锤与噪声。缺点是压力变化大，效率低，运行复杂，须常充气，耗电多，供水的稳定性不如屋顶水箱可靠。

2) 气压给水装置的基本结构与工作原理。气压给水设备分为变压式和定压式两种。变压式就是罐内压缩空气压力随着用水量的变化而变化，管网压力随之波动；定压式是罐内压缩空气靠自动启闭空气压缩机和自动调压阀保持恒定，使管网在恒压下工作。

变压式气压给水设备较为常用，其设备由密封罐、水泵、空气压缩机和控制元件组成：密闭罐内部充满空气和水；水泵将水送到罐内及管网；空气压缩机加压水及补充空气漏损；控制元件（压力继电器、水位继电器等组成）用以启动水泵或空气压缩机。

图 3—1—17 所示为单罐变压式气压给水设备。其工作原理是：罐内压缩空气的起始压力高于管网内设计压力，水在压缩空气的压力下，被送到管网。随着罐内储水量逐渐减少，压缩空气体积逐渐增大，压力逐渐减小，当压力减小至规定下限值（即水位降至设计最低水位）时，压力继电器接通电路，水泵启动，将水压入罐内，当罐内压力达

到规定上限值（水位上升至设计最高水位）时，压力继电器切断电路，水泵停止工作，如此循环。

气压给水装置在运行过程中，由于空气与水接触，部分空气溶解于水中被带走或损漏等原因，罐内空气会逐渐减少，使罐内的调节水量逐渐减小，水泵启闭渐趋频繁，故必须定期地由空气压缩机补充空气。对于小型气压给水系统，也可采用水泵压水管中积存空气补气，如图 3—1—18 所示；或定期将罐内存水放空进行补气，以及采用水射器补气。随着气压给水装置定型产品的不断改进，补气方式也在不断创新。

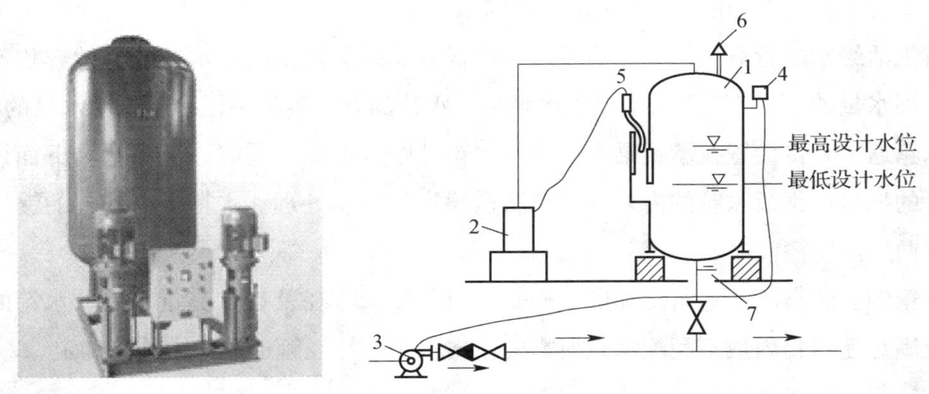

图 3—1—17 单罐变压式气压给水设备

1—气压水罐 2—空气压缩机 3—水泵 4—压力继电器

5—水位继电器 6—安全阀 7—泄水龙头

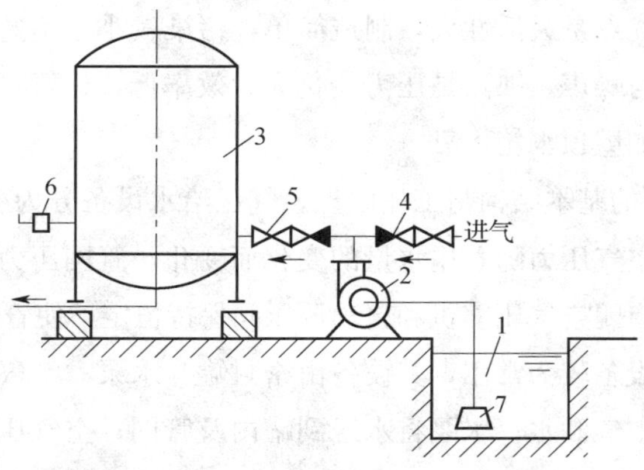

图 3—1—18 利用水泵压水管积存空气补气

1—集水池 2—水泵 3—气压水罐 4—进气止回阀

5—阀门 6—浮球杠杆泄气阀 7—底阀

室内给水管道施工

室内给水工程施工的质量直接关系到每位住户的日常生活与身体健康。为确保给水管道系统的安全可靠运行，须严格按照施工步骤进行。

1. 修整、凿打楼板穿孔洞

（1）根据地下给水管道上各立管甩头位置，在顶层楼板上找出立管中心线位置，先打出一个直径 20 mm 左右的小孔，用线坠向下层楼吊线，找出中心位置打小孔，依次放长线坠向下层吊线，直至地下给水管道立管甩头处，即立管阀门处，再核对修整各层楼板的孔洞位置。

（2）用电锤或手锤开阔修整楼板孔洞，使各层楼板孔洞的中心线在一条垂线上，且孔洞直径应大于要穿越立管外径的 20～30 mm。如上层墙减薄，使立管距墙过远时，可调整往上板孔中心位置，再扩孔修整使立管中心距墙尺寸一致。

（3）在修整板孔时，如遇有钢筋妨碍立管穿越楼板时，不得随意割断。应与土建技术人员商量后，按规定妥善处理。空心楼板孔洞应封堵严密。

2. 量尺下料

（1）确定各层立管上所带的各横支管位置，根据图样和有关规定，按土建给定的各层标高线来确定各横支管位置与图中心线，并将中心线标高画在靠近立管的墙面上。

（2）用木尺或钢卷尺由上至下，逐一量准各层立管所带的各横支管中心线标高尺寸。若为高层建筑给水立管，均设于管道井内，立管上的阀门、活接头、法兰等可拆卸件，应设置在便于拆卸、更换的地方。

（3）较复杂的建筑中，给水立管和埋地干管往往不能垂直连接，必须通过技术层或顶棚拐几个弯，再配置几根短管方能相连。量尺时必须画出草图，标清各部分尺寸，方可引至立管的安装位置上。

3. 引入管安装

（1）挖管沟

管沟深度根据城市给水管网的埋深确定，施工与室外管沟相同。

（2）给水管穿过建筑物基础

在基础施工时按设计要求预留孔洞。引入管穿越基础时的构造，管道装妥后用黏土填实，外抹水泥砂浆防水。

（3）管道铺设

引入管铺设时，承口方向应迎着水流，并坡向室外给水管道或坡向闸门井、水表井，其坡度不应小于0.003，以便检修时排放存水。管道敷设后随即进行接口和养护。焊接钢管埋地部位还应做防腐处理。

埋地管道施工完毕，在甩出地面的接口处施作盲板或盲堵，进行试水打压，合格后排空打压水即可进行回填。在地沟中干管敷设在检修的地方应设活动盖板，并应留出检修的距离，如管中心距沟底和沟壁的距离不小于150 mm，同时铺设成0.002～0.006的坡度。

4. 干管的安装

（1）先了解和确定干管的标高、位置、坡度、管径等，正确地按尺寸埋好支架。支架有钩钉、管卡、吊环和托架等，较小管径多用管卡或钩钉，大管径用吊环或托架。吊环一般吊于梁板下，托架多是固定在墙或柱上。

（2）管子和管杆可先在地面组装，长度方向以方便吊装为宜。起吊后轻落于支（吊）架上，用卡环固定，防止滚动。

（3）用丝扣连接的管子，就位后即可上紧；焊接时可待全部管道吊装完毕再行焊接。

（4）干管安装后要进行校正调直，从其一端看去整条管道应成直线。干管的变径要在分出支管之后，距主分支管应有一定间隔，间隔尺寸等于大管的直径，不得小于100 mm。

5. 立管的安装

（1）吊垂线弹出立管位置线。

（2）根据墙面弹线及立管与墙面距离尺寸，埋设立管卡。当楼层高度不超过4 m时，只设一个立管卡，通常设置于1.5～1.8 m高度处。

（3）当立管较长需采用丝扣连接时，可按图样上所确定的立管管件量出实际尺寸记录在图样上，先进行预试组装，组装后经调直，将管段编号，再拆开移至现场组装。

（4）立管上预留管件位置应根据卫生器具的安装高度确定。立管在一层出地面500 mm以上装设阀门。

（5）明装立管沿墙柱垂直敷设，在墙角敷设时不应穿过污水池壁，以便检修。

（6）暗装立管设在管井或管槽内，立管通过楼板时，应加套管高出地面10～20 mm，楼板内不应设置立管接口。

6. 支管的安装

（1）在墙面弹出支管位置线，应先将其所接的设备安装定位后才可进行支管安装。

（2）支管应以不小于0.002的坡度坡向立管，以便修理时放水。

(3) 支管明装沿墙敷设时，管外皮距墙面应有 20～25 mm 的距离。暗装时，设于管槽中可拆卸的接头（活接头、法兰等），应装在便于检修的地方。

(4) 卫生洁具支管上给水配件的安装尺寸符合工程要求。

思考与练习

1. 建筑内部给水系统的任务是什么？
2. 室内给水系统根据用途一般可分为哪些类型？
3. 简述室内给水系统的组成。
4. 室内给水方式的基本形式有哪些？
5. 如何选择室内给水方式？
6. 气压给水装置具有哪些特点？
7. 室内干管施工有哪些要点？

第 2 节　高层建筑给水系统运行管理

高层建筑以其占地面积小，最大限度在有限土地面积上增加建筑面积的特点，在世界各大中城市如雨后春笋般发展起来。保障高层建筑的给水安全、可靠、节能是高层建筑给水的基本要求。

一、高层建筑及其特点

1. 高层建筑

高层建筑主要用于住宅、旅馆、办公楼、商业大楼和一些特殊建筑。我国现行《民用建筑设计通则》（GB 50352—2005）对高层建筑做出了明确规定。住宅建筑按照层数划分为：1～3 层为低层，4～6 层为多层，7～9 层为中高层，10 层及以上为高层。公共建筑及综合性建筑总高度超过 24 m 为高层（不包括高度超过 24 m 的单层主体建筑）。建筑高度超过 100 m 时，不论是住宅还是公共建筑均为超高层。为统一标准，我国原建设部对建筑一律以 10 层作为高层建筑统计的起点。图 3—2—1 所示为上海环球金融中心，地上 101 层，地下 3 层，高 492.5 m。图 3—2—2 所示为吉隆坡石油大厦，高

452 m，共88层。

2. 高层建筑的特点

高层建筑具有层数多、高度大、建筑面积大、设备完善、人流众多、使用功能较多的特点。如住宅底层设商店、旅馆设地下车库、办公楼设展览厅和会议室等。这就对建筑、结构设备的设计和施工提出了更高的要求，因此各方面必须密切配合、相互协助，运用新技术、新材料、新设备，使工程安全可靠，经济上合理。

图 3—2—1 上海环球金融中心

图 3—2—2 吉隆坡石油大厦

二、高层建筑给排水工程的特点

1. 高层建筑楼层多、高度大，给水管道系统中静水压力很大，为保证管道及配件不遭受破坏、系统使用完好，必须进行合理分区，增设加压设备。

2. 高层建筑建筑面积大，给水设备使用数多，瞬时给水流量大，必须具有安全可靠的水源及经济合理的系统形式，以保证供水的连续和维修方便。

3. 高层建筑火灾蔓延快，疏散扑救困难，对消防给水要求较高。室内消防系统应设置以自救为主的独立消防系统，以保证及时扑灭火灾。

4. 高层建筑的给排水设备标准高，管道材料及卫生器具品种规格多，管道工作量大，施工场地狭小，给施工带来一定困难，所以，对施工提出更高的要求。

5. 高层建筑的使用要求舒适、安静、方便，在设计和施工中应解决好防震、隔音、防止漏水和管道堵塞等问题。

三、高层建筑的室内给水方式

高层建筑依靠城市给水管网，水压不能保证其供水要求，因而必须设置水泵加压和水箱储水，以保证各楼层的用水。

1. 高层建筑室内给水系统分区

高层建筑物高度大，如果只设一个给水系统，那么低层配水点上所受静水压力就会很大，同时在运行中会产生水锤和噪声。下层配水点出水量增加，下层水龙头开启时水流喷射飞溅严重，使用不便。给水管道和配件由于受静水压力过大而易损坏，需要调换修理。因此高层建筑给水系统都采取竖向分区供水。竖向分区应根据使用要求、材料设备性能、维修管理等条件，合理确定分区水压。设计规范规定：分区最低卫生器具给水配件处的静水压力，住宅旅馆、医院一般为0.3～0.35 MPa，办公楼一般为0.35～4.5 MPa。

在确定适宜的给水分区静水压力值的同时，还必须考虑给水系统中的最小压力问题，即保证系统中各用水点所需要的最低水压。分区给水最小静水压力值，一般根据供水最不利点配水器具的流出水头及水箱至该点管路的全部摩阻确定，通常该值在0.1 MPa左右，所以分区的水箱需设于该区以上3层。

高层建筑给水在竖向分区时，为了节约能源和投资，首先要考虑充分利用室外给水管网的水压，尽可能多地向下面几层供水。

2. 竖向分区给水主要方式

竖向分区给水主要有减压给水、并联给水和串联给水三种给水方式，其特点见表3—2—1。

表3—2—1　　高层建筑竖向分区给水方式

给水方式	相关说明
减压给水	整个高层建筑的用水量全部由设置在底层的水泵提升至屋顶水箱，然后再分送至各分区水箱，进行减压后向各用水点供水，如图3—2—3所示。分区水箱一般只起减压作用，因而水箱容积可以很小，但若同时兼起储水作用时，则水箱容积应相应加大 这种给水方式，系统简单，水泵台数少，泵房建筑面积小，投资较小，管理维修方便。其缺点是屋顶水箱容积很大，增加结构载荷；由于整个建筑物的用水量均需提升至最高层，因此水泵转输的流量大，工作时间长，耗电多；水泵或输水管路发生故障时，将影响整个建筑物的用水，安全可靠性差 用减压阀代替减压水箱，其供水方式的工作原理与减压水箱供水方式相同。其最大优点是各分区可不设水箱，减压阀又不占楼层房间面积，使建筑面积发挥最大的经济效益。其缺点是水泵运行动力费用较高

续表

给水方式	相关说明
并联给水	各分区的用水量由集中设置在底层的分区水泵分别提升至本分区的储水箱，然后分区进行供水，如图 3—2—4 所示 这种给水方式由于分区设置水箱、水泵，自成一个独立供水系统，因而供水安全可靠；水泵集中设置便于操作管理和维修。其缺点是水泵型号及台数多，管道数量和泵房面积增加，管理和维修量较大 由于此种系统具有供水安全可靠这一显著优点，因而在国内外高层建筑中采用得比较广泛
串联给水	各分区水箱既是本区的高位水箱，又是上区的储水池，水泵分设在各区技术层内，逐级提升供水，如图 3—2—5 所示。其优点是水泵压力较均衡，扬程较小，因而水锤影响也小，水泵使用效率高。其缺点是水泵分设在各技术层内，占用建筑面积大，对技术层要求较高，需防振动、防噪声、防漏水；水泵分散布置，不利于管理和维修；供水可靠性差。此种给水方式较少采用

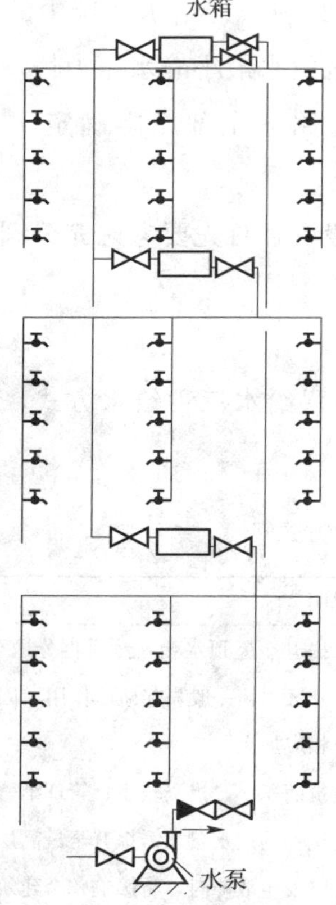

图 3—2—3　减压给水方式

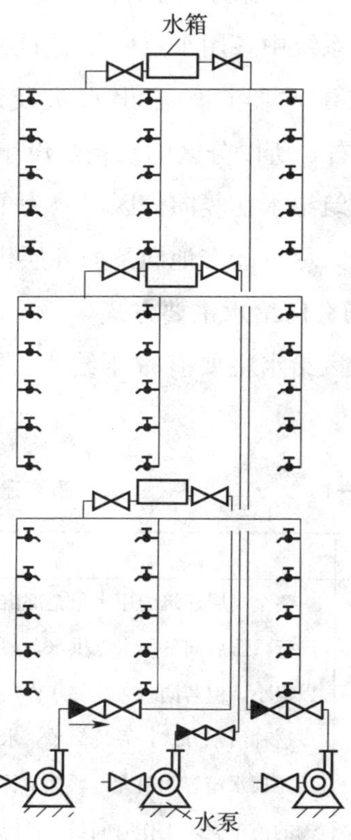

图 3—2—4　并联给水方式

除表 3—2—1 介绍的三种由水箱和水泵组成的给水系统外，还有气压罐给水系统和无水箱给水系统。如图 3—2—6 所示，气压罐给水系统是以气压罐代替高位水箱的供水

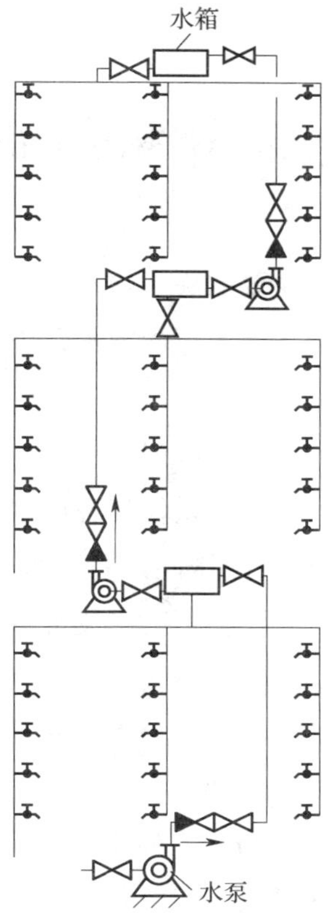

图 3—2—5　串联给水方式

系统，无水箱给水系统是由变速水泵直接向高层建筑管网供水的一种给水系统，其基本特点是借助于特殊设备使水泵随各分区给水管网用水量负荷变化而自动调节变化出水量，加压提升供水。

图 3—2—6　气压罐供水系统

1—系统连接处　2—法兰盘　3—罐体　4—气囊　5—充气口

6—顶托配件　7—水泵安装处　8—立柱

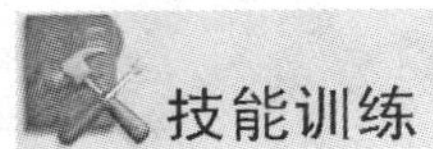

高层建筑给水管网的布置和敷设

1. 高层建筑给水管网的布置

高层建筑给水管网的布置形式主要取决于给水方式，以及增压设备设置的位置。一般采用上行下给式居多，干管分设于技术层内或吊顶内，上接屋顶水箱或分区水箱，下连各给水立管向下供水，流向不变。

2. 高层建筑给水管网的敷设

（1）如果立管高度较大，为了控制流量保证各用水点正常配水，在立管下部或下部各层支管上装设减压孔板、调节阀或减压阀。高位水箱的设置高度，一般为本区以上3～5层（视系统大小，可通过水力计算确定），对于供水安全可靠性要求较高的宾馆、饭店可采用环状式系统。

（2）在要求较高的高层建筑中，给水立管都集中布置在管道竖井内，如图3—2—7所示。管道竖井分为进人型与不进人型两种。进人型管道竖井平面尺寸一般为（0.8～1.0）m×（1.0～1.2）m，空间面积较大，便于管道的安装与修理；不进人型管道竖井空间面积较小，国外采用较多，我国只有利用外资设计建造的旅游宾馆中少量采用。这种管道竖井由于地方狭小给施工带来一定困难，检修或拆换管道时，要拆除一部分卫生间墙壁。

图3—2—7　管道竖井内的管道布置

（3）管道在竖井内采用各种型钢支架加以固定，最好每层都设有管道支架，以防止管道下沉和位移。为了便于安装和检修，管道竖井靠走廊一侧设置检修门，井内设平台和爬梯。

（4）在高层建筑中给水水平干管均敷设在技术层或吊顶内。技术层除安装各种管道外，还设有水箱、水泵、风机和水加热器等设备，技术层的层高应便于人们行走和安装维修，一般在2.2 m左右。技术层应有较好的照明和通风设施。

（5）在对房间美观和卫生条件要求不高的一般高层住宅和管道系统不复杂、设备少的高层办公楼中，水平干管也多布置在吊顶内，吊顶高度一般为0.6 m。

3. 减少高层建筑管道振动和噪声措施

高层建筑给水系统中振动和噪声来源于水泵机组、卫生设备和管道系统，为减小振动和噪声，应采取以下措施：

（1）水泵应尽量远离居住和办公用房设置，水泵机组应采用减振基础。水泵吸水管和压水管上安装铝制弹簧短管（外包镀锌铁线）或k—xT可曲挠橡胶接头，并用弹性支架支撑管道，图3—2—8所示为水泵弹性支架防振示意图。

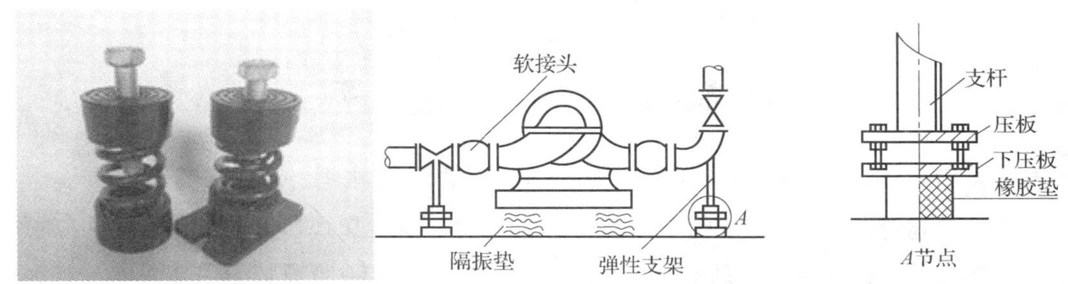

图3—2—8　水泵弹性支架防振示意图

（2）给水系统宜选用竖向环状系统，以利管路内流量和流速的均衡分配。

（3）如图3—2—9所示，为防止固体传声，管道与支架接触处应垫以橡胶、毛毡等柔软防振物质；管井和吊顶内的全部管道应用不同材料做保温、绝缘和防潮处理，兼起隔音作用。暗敷于墙内的管道不得直接埋入墙壁内，而应装设于墙内凹槽之中，凹槽内填充防潮、绝缘物，以利隔音。

图3—2—9　管道的防传声与保温

(4) 水泵的自动开、停和阀门的突然关闭都容易产生水锤，应根据水泵扬程和管网压力变化情况，在输水干管上设防水锤装置，图 3—2—10 所示为输水干管防水锤装置示意图。

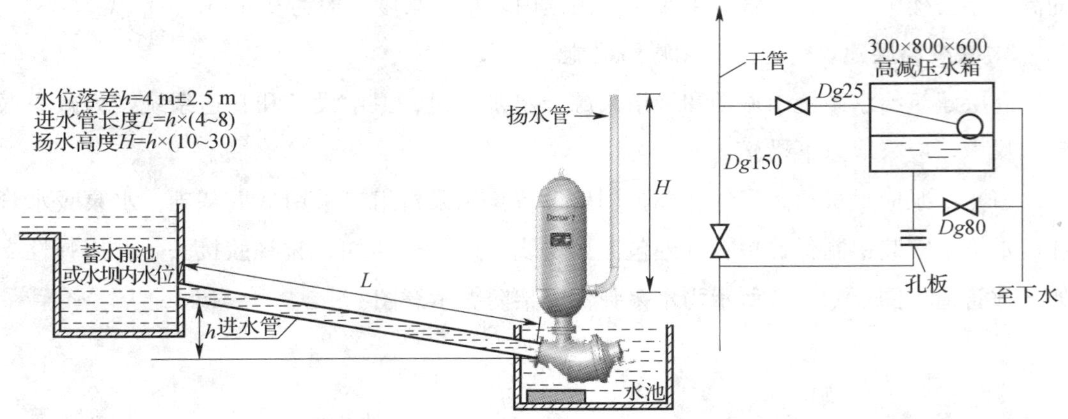

图 3—2—10　水锤泵安装与输水干管防水锤装置示意图

(5) 卫生器具应选择噪声小的各种进水开关，如泡沫水嘴、减压水嘴等。

(6) 管道避免穿越住房的墙壁，如必须穿过时，应设套管，管子与套管之间应填矿渣棉、毛毡或包以软橡胶、软塑料等。给水管道安装的各种墙洞必须用高强度等级水泥砂浆填实，以防串声。

思考与练习

1. 高层建筑具有哪些特点？
2. 竖向分区给水主要有哪些方式？
3. 高层建筑给水系统中振动和噪声来源于哪些设备？
4. 简述高层建筑中给水工程的特点。
5. 简述减少高层建筑管道振动和噪声的措施。

第 3 节 室内给水管材、附件、水表的安装及维护

随着经济的迅猛发展，人们的生活质量不断提高，对自来水水质的要求也日趋提高。有些城市给水管已禁用镀锌管，给水管推广使用铝塑复合管、UPVC 硬聚氯乙烯管、不锈钢管和铜管等。管材的变革带来了室内给水系统运行维护内容的变化。

一、室内给水管材

室内给水从供应方式上分，主要有冷水供应方式和热水供应方式。由于工艺设计要求的不同，室内给水管道选用的材料也不一样，室内给水管材可分为金属管类、塑料管类、复合管类三类，应用较多的室内金属给水管材主要有钢管、给水铝合金衬塑管、给水铜管，非金属管材主要是塑料管，此外还有金属和非金属的复合管如铝塑复合管等。焊接钢管和无缝钢管、铝塑复合管在前文中已做过相应介绍，这里不再赘述。

1. 不锈钢管

不锈钢管（见图 3—3—1）按制造方式有不锈焊接钢管和不锈无缝钢管两种。按管壁厚度不同又有不锈钢管与薄壁不锈钢管。20 世纪 90 年代末才在国内出现的薄壁不锈钢管在不断推广应用下正逐步为大家所认同和接受。薄壁不锈钢管由于管价相对较高，用于沿建筑外墙安装的直饮水管或高标准建筑室内给水管路。

图 3—3—1 不锈钢管

（1）薄壁不锈钢管的特点

由特殊焊接工艺处理的薄壁不锈钢管，因其强度高，管壁较薄，造价降低，从而有

效地推动了不锈钢管的应用和发展。薄壁不锈钢管的优越性能还有以下几点：

1）经久耐用，卫生可靠，防腐蚀性好，环保性好。

2）抗冲击强。具有较好连接形式（如插接压封式连接技术）的管路强度是镀锌管和普通钢管的2～3倍。

3）韧性好。比一般金属管易弯曲、易扭转，不易裂缝，不易折断。

4）采用成熟、可靠的专用连接技术，大大提高了工程效率。

（2）不锈钢管连接方式

常见的管件类型有压缩式、压紧式、推进式等，图3—3—2所示为常用的不锈钢管连接附件，图3—3—3所示为卡环压连接，图3—3—4所示为卡压和卡凸连接。

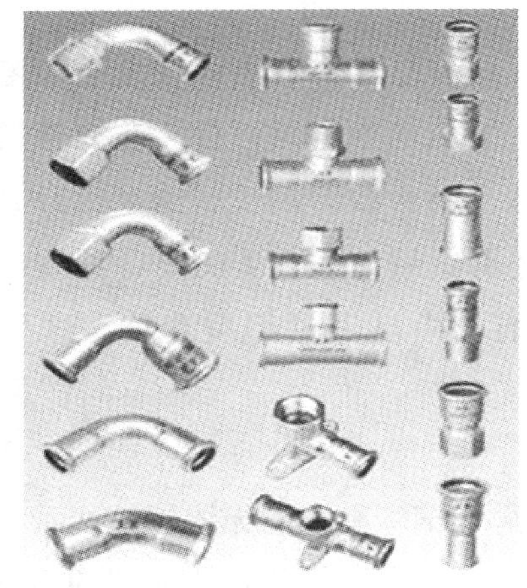

图3—3—2 常用的不锈钢管连接附件

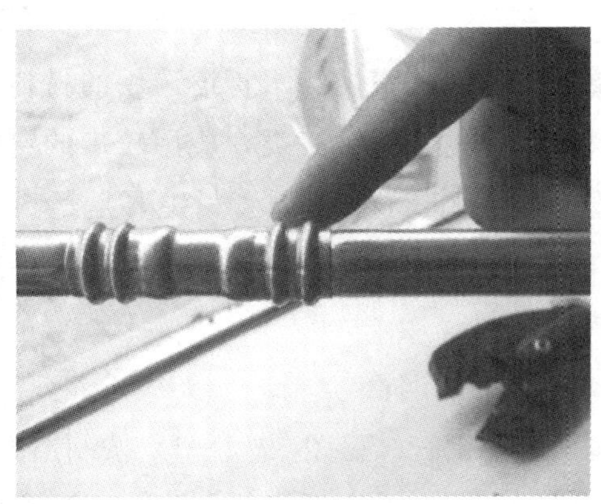

图3—3—3 卡环压连接

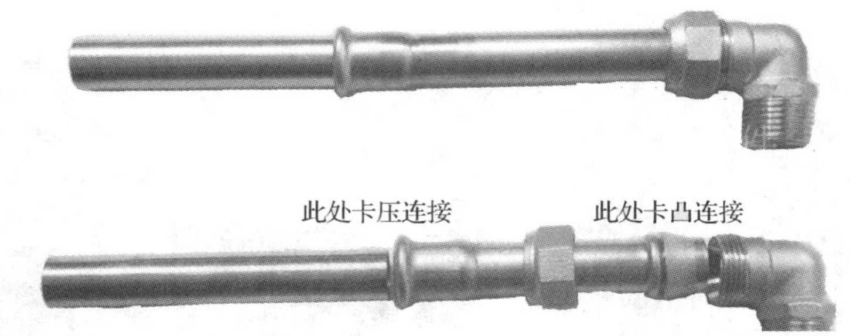

图3—3—4 卡压和卡凸连接

2. 塑料管

塑料管主要有：交联聚乙烯（PEX管，有的也称PE－X管）管、改性聚丙烯（PP－R，PP－C）管、氯化聚氯乙烯（PVC－C）管、硬聚氯乙烯（PVC－U）管、聚乙烯（PE管，也分为高密度HDPE型管和中密度MDPE型管，通常代表高密度HDPE

型管）管、聚丁烯（PB）管、丙烯腈－丁二烯－苯二烯（ABS）管、PPPE（PP－R或PP－C与HDPE合成材料）管、纳米聚丙烯（NPP－R）管等。塑料管具有较强的耐腐性，表面光滑、质量轻、加工方便，可以粘接、焊接，但耐热性较差，受紫外线照射易老化。图3—3—5所示为使用新型PPR水管的室内厨房给水，图3—3—6所示为常见的PPR塑料管及管件。各类塑料管的性能特点及连接方式见表3—3—1。

3. 铜塑复合管

铜塑复合管是新型管材，其外层为硬质塑料，内层为铜管，如图3—3—7所示。

图3—3—5　使用新型PPR水管的室内厨房给水

图3—3—6　常见的PPR塑料管及管件

表3—3—1　**各类塑料管的性能特点及连接方式**

名称	性能特点及连接方式
PE－X管	特性：（1）优良的耐温性能，使用的温度为－70～100℃。（2）优良的隔热性能和耐压力。PE－X管导热系数小，热量损失小，节约能源。（3）较长的使用寿命。可安全使用50年以上。（4）抗振动，耐冲击。（5）无污染的绿色环保管材，不含任何毒素，也不释放有害物质，焚烧后只产生水和二氧化碳。管外径规格为16～63 mm。管道连接有卡箍式、卡套式、专用配件式。生产企业常规产品压力等级为1.25 MPa（SDR11）

续表

名称	性能特点及连接方式
PP—R管	PP—R管称Ⅲ型聚丙烯即无规共聚聚丙烯。其突出特点：(1) 无毒、卫生。(2) 耐热、保温性能好。PP—R管的最高耐热可达131.3℃，最高使用温度为95℃，长期（50年）使用温度为70℃，完全可以满足常用的工业和民用生活热水和空调供回水系统。同时，PP—R管的导热系数只有钢管的1/200，具有良好的保温和节能性能，还可节省保温管材的厚度。(3) 安装方便且是永久性的连接。(4) 原料可回收，不会造成环境污染。PP—R管不仅可用于建筑物内的冷热水系统，而且可用于建筑物内的采暖系统、直饮用水供水系统、中央空调供回水系统、输送化学介质等。在进行设计时宜根据各产品的企业标准或技术规程选定合适的规格。PP—R管道的连接方式主要有热熔连接和电熔连接，有时也用专用丝扣连接或法兰连接
PP—C管	PP—C管是一种共聚聚丙烯管材。PP—C管一般采用单螺杆挤出机挤成管材，连接方式为热熔连接。其主要性能：(1) 耐温性能好、长期高温和低温反复交替管材不变形，质量不降低。(2) 不含有害成分，化学性能稳定，无毒无味，输送饮用水安全性评价合乎卫生要求。(3) 抗拉强度和屈服应力大，延伸性能好，承受压力大，防渗漏，工作压力完全可以满足多层建筑供水的需要。PP—C管材的型号规格可达到DN100 mm
PVC—C管	主要性能特点：(1) 防腐性能很强。PVC—C管无论是在酸、碱、盐、氯化、氧化的环境中，暴露在空气中、埋于腐蚀性土壤里，甚至在95℃高温下，内外均不会被腐蚀。(2) 良好的阻燃性。PVC—C的着火温度为482℃，所以PVC—C管不自燃且不助燃，还具有限制烟雾的特性，不会产生有毒气体。(3) 保温性能佳，热膨胀小。PVC—C热传导率低，所以PVC—C管夏天不易结露，冬天可节省大部分保温材料及施工费用，也不易扭曲变形。(4) 抗震性好。PVC—C管具有较好的弹性模量，抗震并能大大降低水锤效应。(5) 具有优异的耐老化性和抗紫外线性能。常用规格有公称通径DN15～300 mm。连接方式有承插粘接、塑料焊接，还有专用配件法兰连接、螺纹连接。PVC—C管优点比较多，且在热水管道上应用效果较好，但因为材料价格比较昂贵，在给水方面推广应用受到较大局限
PB管	PB管是由聚丁烯树脂通过一定的制管工艺生产而成的管材及管件。聚丁烯树脂是由于丁烯—1单体合成的高分子量全同聚合物，是一种柔软的热塑性聚烯烃。其主要特性：(1) 良好的耐温性能。其长期使用温度（指管道在此温度范围内使用寿命达30～50年）为≤90℃。(2) 耐压性能极佳和极强抗蠕变能力。同样条件下其管壁最薄。其工作压力冷水时为1.6～2.5 MPa，热水时为1.0 MPa。(3) 极好的韧性和耐冲击力。(4) 极好的抗腐蚀能力。(5) 较好的隔热性能。材料的导热率较小。(6) 无毒，重塑性强。常用的规格有公称通径DN15～63 mm几种。PB管主要采用热熔式、电熔式或承插式接头连接，也可采用胶圈密封连接。PB材料属于易燃材料，安装加工或使用的场所必要时需采取防火措施。由于这种管材的原材料主要依赖进口，价格昂贵，在国内应用的大多依赖进口成品管材及管件，包括施工连接的专用工具等，同时施工技术要求较高等原因，故在国内应用有限

续表

名称	性能特点及连接方式
PPPE管	PPPE管是以PP—R或PP—C与HDPE为主要材料，加以一定量的化学助剂等合成材料，经挤压成型的塑料管材。该种管材适用温度范围宽（—25℃～95℃），耐压高（公称压力为20 MPa），不仅能像PE管、PB管、改性聚丙烯（PP—R，PP—C）管那样进行热熔连接（有专用的PPPE管配套热熔管件），而且还能像热镀锌钢管那样在现场用普通套螺纹工具套螺纹，采用带内螺纹的管件进行螺纹连接。在同等承压条件下，PPPE管的管材和管件的壁厚比PP—R管（Ⅲ型聚丙烯，即无规共聚聚丙烯）的壁厚要小，且口径越大小的越多，因此PPPE管的价格比PP—R管低。据测算PPPE管整体工程造价比PP—R管的少80%左右。目前可使用的规格为DN15～50 mm（不含DN32 mm）五种，其规格与热镀锌钢管相同。厂家正在开发DN50 mm以上规格的管材和管件
NPP—R管	NPP—R管是以无机层状硅酸盐插层复合技术制备的含有纳米抗菌剂的纳米聚丙烯（NPP—R）抗菌塑料粒料制成的。NPP—R管专用料研发成功，是我国纳米技术的重大突破，属国内首创，达到国际先进水平。正光纳米聚丙烯（NPP—R）管集普通PP—R管所有优点，质量轻、耐热性能好、耐腐蚀性好、导热性低、管道阻力小、管件连接牢固。其特性为：(1) 优异的力学性能。在安装和使用过程中不会因偶然的撞击、敲打或轧压而造成破坏。(2) 线性膨胀系数小。较进口PP—R料制成的管道小25%～30%，不易因使用温度的变化而造成嵌件部分的松动渗漏。(3) 纵向收缩率低。较进口PP—R料制成的管道低30%～40%，因温度变化引起的变形小，适合采用嵌墙和地坪面层内的直接暗敷设方式。(4) 100%的杀菌功能。特别适用于饮用水管网输水工程。(5) 极好的绿色环保产品。NPP—R管常用有公称外径DN16～63 mm的几种规格。按公称压力区分为1.25 MPa、1.6 MPa、2.0 MPa三种。主要连接方式为热熔式插接，部分使用在工厂内生产成型的丝扣进行连接。严格按照厂家所提出的技术规程、技术规定执行。不允许在管材、管件上直接套螺纹。避免阳光直射

铜塑复合管综合了铜管和塑料管的优点，具有良好的耐腐性和保温性，接口采用铜质管件，连接方便、快速，但价格较高。目前多用于室内热水供应管道。

图3—3—7 铜塑复合管

二、室内给水阀门与水龙头

1. 室内给水阀门

室内供水管道上要安装相应的阀门以满足调节流量和安装维修之用。室内供水管道上常用的阀门类型与室外供水管道的阀门类型基本相同，与室外管道阀门相比只是阀门的尺寸变小，另外目前室内阀门选用铜质材料较多，图3—3—8所示为常见的室内管道阀门。室内生活阀门一般在入户水表前后安装，如图3—3—9所示，如果入户水表安装在管道井内，在户内还要安装总阀门，在用水设备前要安装阀门，以方便用水设备的维修。

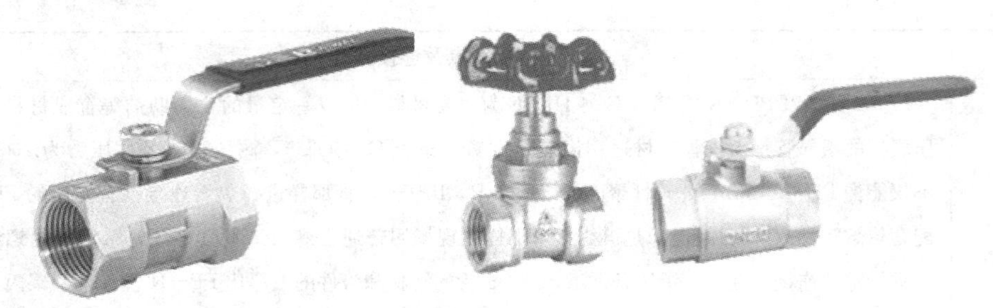

图 3—3—8　常见的室内管道阀门

2. 水龙头

图 3—3—9　水表前后安装阀门

水龙头是用户的出水设备，常用的水龙头形式如图 3—3—10 所示。水龙头的分类方式较多，一般有以下几种：

（1）按材料分，可分为 SUS304 不锈钢、铸铁、全塑、黄铜、锌合金材料水龙头，高分子复合材料水龙头等类别。

（2）按功能分，可分为面盆水龙头、浴缸水龙头、淋浴水龙头、厨房水槽水龙头及电热水龙头（瓷能电热水龙头）。

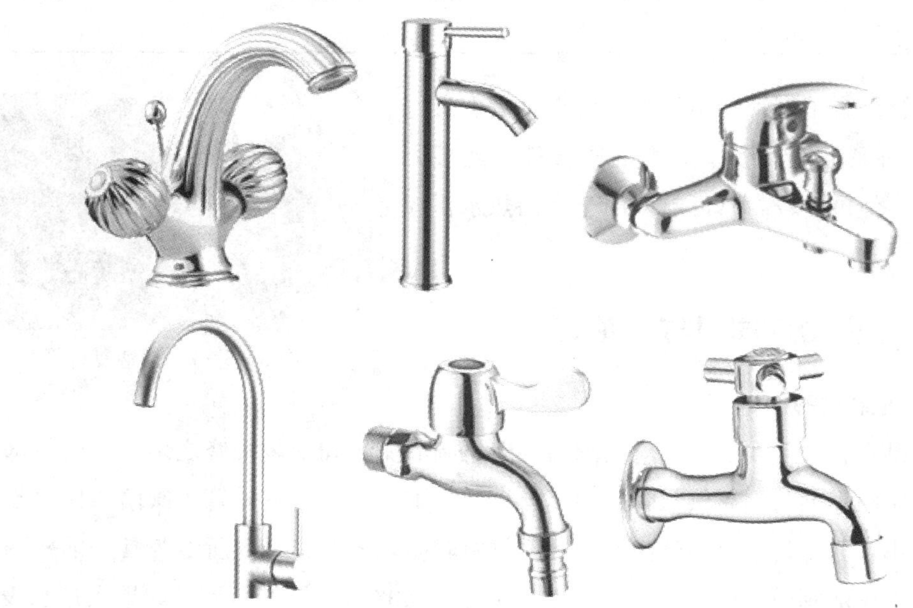

图 3—3—10　常用的水龙头形式

（3）按结构分，可分为单联式、双联式和三联式等几种水龙头。另外，还有单手柄和双手柄之分。单联式可接冷水管或热水管；双联式可同时接冷热两根管道，多用于浴室面盆及有热水供应的厨房洗菜盆的水龙头；三联式除接冷热水两根管道外，还可以接淋浴喷头，主要用于浴缸的水龙头。单手柄水龙头通过一个手柄即可调节冷热水的温度，双手柄则需分别调节冷水管和热水管来调节水温。

（4）按开启方式分，可分为螺旋式、扳手式、抬启式和感应式等。螺旋式手柄打开时，要旋转很多圈；扳手式手柄一般只需旋转 90°；抬启式手柄只需往上一抬即可出水；感应式水龙头只要把手伸到水龙头下，便会自动出水。另外，还有一种延时关闭的水龙头，关上开关后，水还会再流几秒才停，这样关水龙头时手上沾上的脏东西还可以再冲干净。

（5）按阀芯分，可分为橡胶芯（慢开阀芯）、陶瓷阀芯（快开阀芯）和不锈钢阀芯等几种。影响水龙头质量最关键的就是阀芯。使用橡胶芯的水龙头多为螺旋式开启的铸铁水龙头，现在已经基本被淘汰；陶瓷阀芯水龙头是近几年出现的，质量较好，现在应用比较普遍；不锈钢阀芯是最近才出现的，更适合水质差的地区。

三、水表

水表是一种计量建筑物或设备用水量的仪表。水表按计量原理分为流速式和容积式，按显示方式可分为就地指示式和远程式，按计数机件所处状态可分为干式和湿式，按叶轮构造可分为旋翼式和螺翼式。室内给水系统中广泛使用流速式水表。流速式水表是根据管径一定时，通过水表的水流速度与流量成正比的原理来量测的。水流通过水表时推动翼轮旋转，翼片轮轴传动一系列联动齿轮（减速装置），再传递到记录装置，在度盘指针指示下便可读到流量的累计值。此外也有计数器为字轮直读式水表，使用更为方便，随着电子信息技术的发展，目前新建小区已开始普及 IC 卡水表和光电远传水表，如图 3—3—11 和图 3—3—12 所示。

图 3—3—11　IC 卡水表

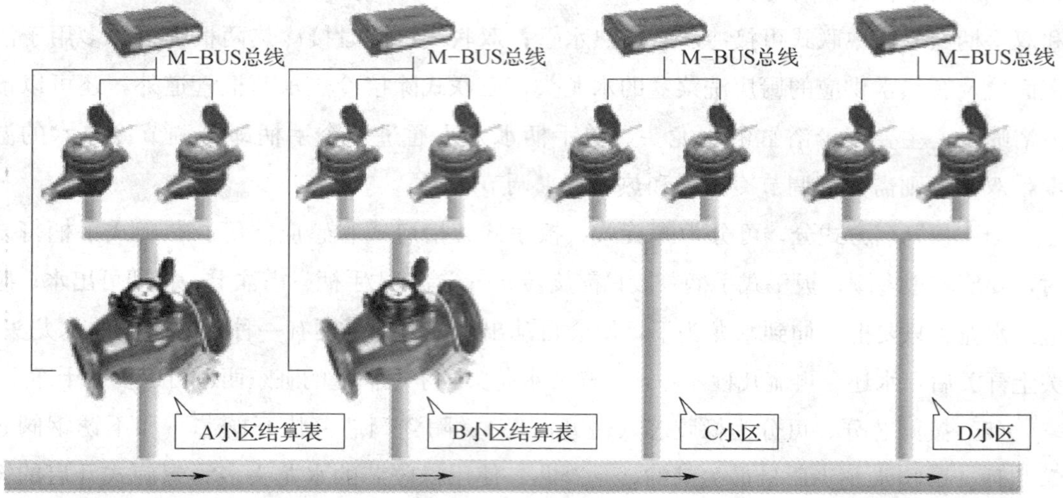

图 3—3—12 光电远传水表系统

1. 水表的结构

（1）旋翼式水表

如图 3—3—13 所示，旋翼式水表的翼轮转轴与水流方向垂直，水流阻力较大，起步流量和计量范围较小，多为小口径水表，用以测量较小流量。

旋翼式水表按计数机件所处的状态又分为干式和湿式两种。干式水表的计数机件和表盘与水隔开。湿式水表的计数机件和表盘浸没在水中，机件较简单，计量较准确，阻力比干式水表小，应用较广泛，但只能用于水中不含固体杂质的横管上。旋翼湿式水表技术数据见表 3—3—2。

表 3—3—2　　旋翼湿式水表技术数据

型号	公称直径 (mm)	特性流量	最大流量	额定流量	最小流量	灵敏度≤ (m^3/h)	最大示值 (m^3)
		(m^3/h)					
L×S—15	15	3	1.5	1.0	0.045	0.017	10 000
L×S—20	20	5	2.5	1.6	0.075	0.025	10 000
L×S—25	25	7	3.5	2.2	0.090	0.030	10 000
L×S—32	32	10	5.0	3.2	0.120	0.040	10 000
L×S—40	40	20	10.0	6.3	0.220	0.070	100 000
L×S—50	50	30	15.0	10.0	0.400	0.090	100 000
L×S—80	80	70	35.0	22.0	1.100	0.300	1 000 000

续表

型号	公称直径	特性流量	最大流量	额定流量	最小流量	灵敏度≤	最大示值
	(mm)	(m^3/h)				(m^3/h)	(m^3)
L×S—100	100	100	50.0	32.0	1.400	0.400	1 000 000
L×S—150	150	200	100.0	63.0	2.400	0.550	1 000 000

注：①适用洁净冷水，水温不超过40℃。

②塑料壳水表最大压力为0.6 MPa，金属壳水表最大压力为1.0 MPa。

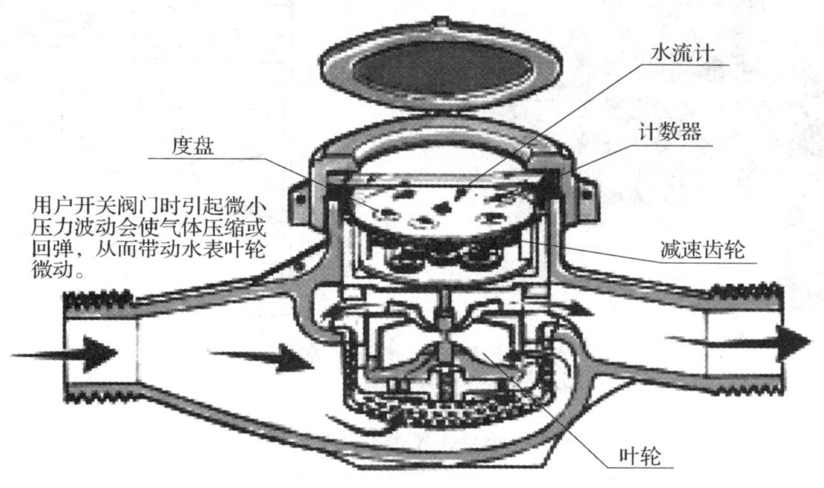

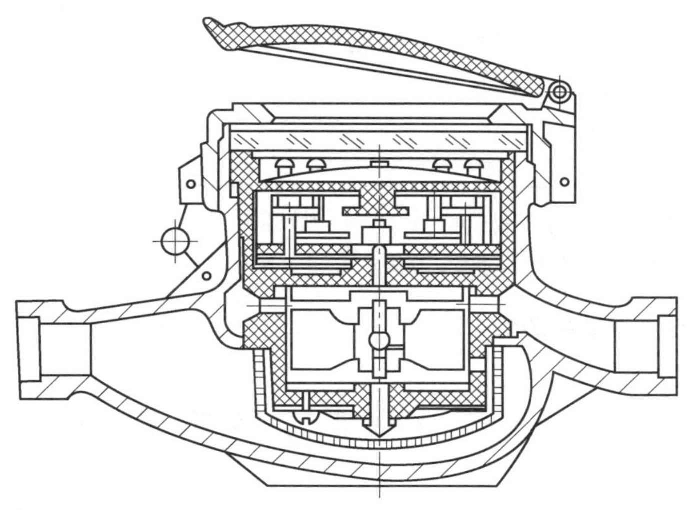

图3—3—13 旋翼式水表

（2）螺翼式水表

螺翼式水表如图 3—3—14 所示。螺翼式水表翼轮转轴与水流方向平行，阻力较小，起步流量和计量范围较大，适用于流量较大的给水系统。螺翼式水表依其转轴方向分为水平螺翼式和垂直螺翼式两种。大口径水平螺翼式水表技术数据见表 3—3—3。

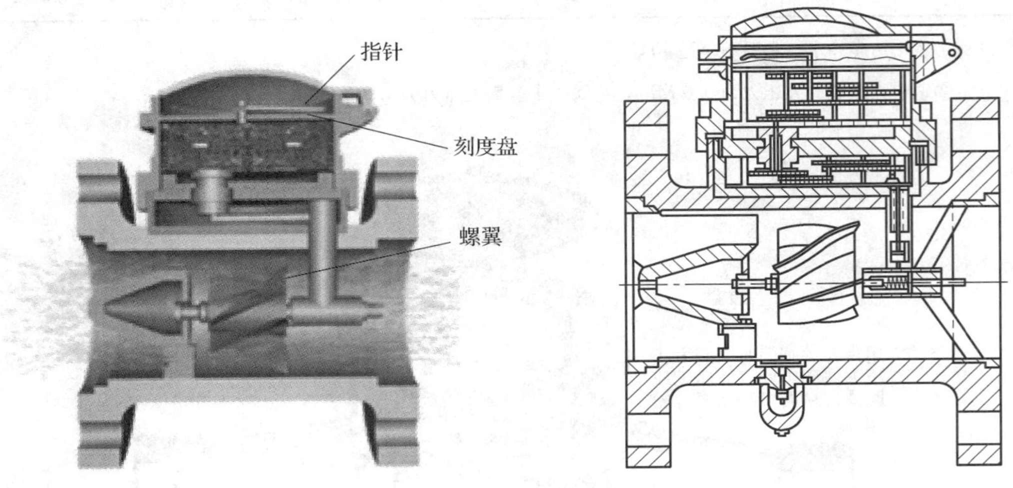

图 3—3—14　螺翼式水表

表 3—3—3　大口径水平螺翼式水表技术数据

公称直径	流通能力	最大流量	额定流量	最小流量	最小示值	最大示值
(mm)	(m^3/h)				(m^3)	
80	65	100	60	2	0.01	1 000 000
100	110	150	100	3	0.01	1 000 000
150	275	300	200	5	0.01	1 000 000
200	500	600	400	10	0.10	10 000 000

注：①流通能力为水通过水表产生 1 m 水柱水头损失时的流量。

②水表要求水温不大于 40℃，承受工作压力最大 1.0 MPa。

2. 水表的技术参数和选择

（1）水表的技术参数

水表的技术参数有额定流量、最大流量、最小流量、特性流量（或流通能力）及灵敏度等。

1）额定流量。保证水表能正常运转的最大流量。

2）最小流量。水表使用的下限流量，即水表能开始准确指示的流量。

3）最大流量。水表使用的上限流量，即水表可以在短期内通过的最大流量。按规定最大流量在每昼夜通过的时间不得超过1 h。

4）特性流量。水流通过水表产生10 m水柱水头损失时的流量值。水表在使用时不允许在特性流量下工作。

5）流通能力。水流通过水表产生1.0 m水柱水头损失时的流量。水表在使用中也不允许在流通能力状态下工作。

6）灵敏度。水表能连续记录（开始运转）的流量，也称起步流量。

（2）水表的选择

水表的选择主要是确定水表类型和水表的口径。

1）水表类型的选择。水表类型的选择必须考虑通过水表的最大流量、最小流量和经常流量值，通过水表水的混浊度和温度、管道直径和室外给水管道压力等因素。根据国内产品规格情况，一般管径小于等于50 mm时，选用叶轮式水表；管径大于50 mm时，选用螺翼式水表。

2）水表口径的选择。选定水表类型后，按通过水表的设计流量（不包括消防流量）结合样本规定的额定流量值确定水表口径，并以平均小时流量的6%～8%校核水表的灵敏度极限，要求前者略大于或至少等于后者，以保证水表不漏计水量。所选水表的口径，通常等于或略小于管道直径，但也不宜太小，否则水表中水头损失剧增，将影响供水，缩短水表寿命。对于家庭单独使用的小水表，通常不进行灵敏度极限的校核，因为按常规计算所得的普通一家的平均小时用水量的6%～8%，必定小于目前生产的中小水表的灵敏度，但实际上只要启动一只龙头的出水量就已大于小水表的灵敏度极限。

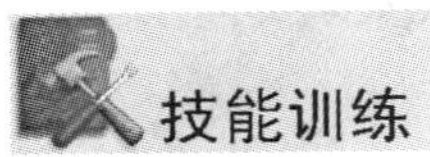

室内塑料PPR给水管道的热熔连接

PPR是三丙聚乙烯的简称，采用热熔连接的方式，有专用的焊接和切割工具，如图3—3—15所示，图3—3—16所示为管道的热熔连接。

1. 操作步骤

（1）固定熔接器安装加热端头，把熔接器放置于架上，根据所需管材规格安装对应的加热模头，并用内六角扳手紧固，一般小端在前。

（2）通电开机，接通电源（注意电源必须带有接地保护线），绿色指示灯亮，红色指示灯熄灭，表示熔接器进入自动控制状态，可开始操作。注意：在自动控温状态，红灯绿灯会交替自行点亮，这说明熔接器处于受控状态，不影响操作。

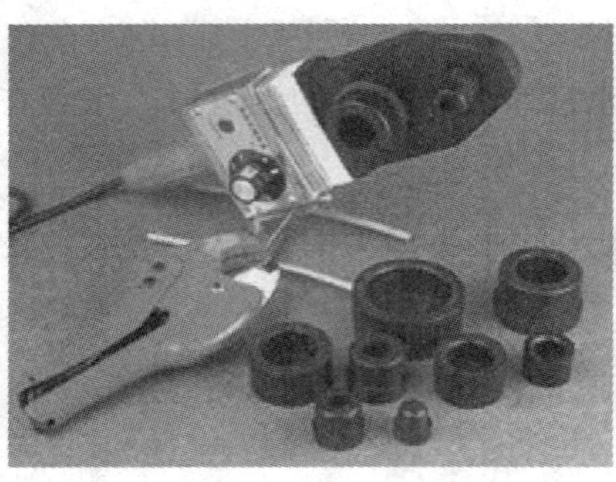
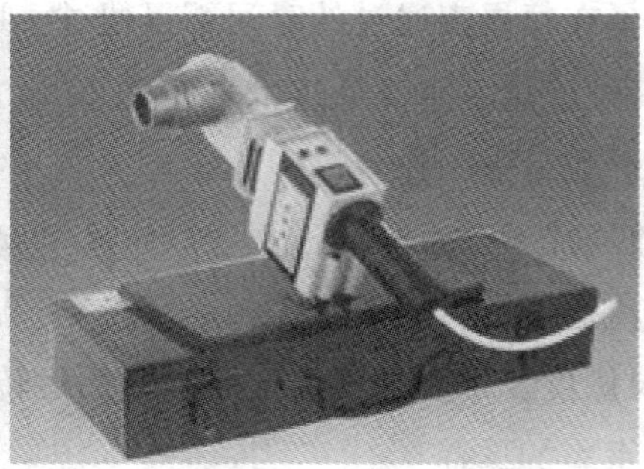

图 3—3—15　热熔器

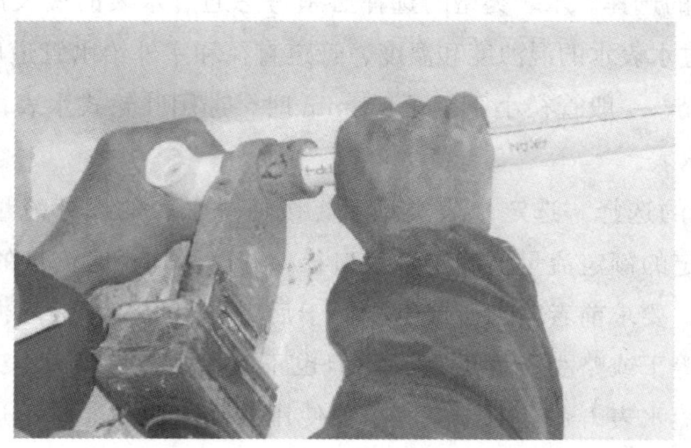

图 3—3—16　管道的热熔连接

（3）熔接管材。用切管器垂直切断管材，将管材和管件同时无旋转推进熔接器模头内，达到加热时间后立即把管材与管件从模头上同时取下，迅速无旋转地直线均匀插入到所需深度，使接头处形成均匀凸缘。

2. 热熔器使用注意事项

（1）热熔器采用单相三级安全扁插头，用户不得擅改插头，使用时必须把插头插入有接地线插座上。

（2）在使用过程中，手及易燃物不能触及电熔热块部分，以免发生意外。

（3）非专业人员不得打开热熔器，以防触电及破坏仪器的安全性能。

（4）如红色指示灯长时间不出现跳变，说明仪器已出现故障，应立即停止工作，并切断电源。

（5）如果是在室外或冬季，应延长加热时间及保持时间。一般热熔器的温度都是设定好的，不要改。如果想改，也要根据现场的实际情况，逐步调整。

3. 热熔焊接机的操作规定

(1) 热熔连接前、后，连接工具加热面上的污物应用洁净棉布擦净。

(2) 热熔焊接机热熔连接加热时间和加热温度应符合热熔连接工具生产厂和管材、管件生产厂的规定。

(3) 热熔连接保压、冷却时间，应符合热熔连接工具生产厂和管材、管件生产厂的规定，在保压、冷却期间不得移动连接件或在连接件上施加任何外力。

(4) 热熔承插连接应符合下列规定：

1) 承插连接管材的连接端应切割垂直，并应用洁净棉布擦净。

2) 擦净管材和管件连接面上的污物，标出插入深度，刮除其表皮。

3) 承插连接前，应校直两对应的待连接件，使其在同一轴线上。

4) 插口外表面和承口内表面应用热熔承插连接工具加热。

5) 加热完毕，连接件应迅速脱离承插连接加热工具，并应用均匀外力插至标记深度，形成均匀凸缘。

(5) 热熔对接连接应符合下列规定：

1) 热熔焊接机对接连接前，两管段应各伸出夹具一定自由长度，并应校直两对应的连接件，使其在同一轴线上，错边不宜大于壁厚的10%。

2) 管材或管件连接面上的污物应用洁净棉布擦净，应铣削连接面，使其与轴线垂直，并使其与对应的待连接断面吻合。

3) 待连接的端面应用对接连接工具加热。

4) 加热完毕，待连接件应迅速脱离对接连接加热工具，并应用均匀外力使其完全接触，形成均匀凸缘。

(6) 热熔鞍形连接应符合下列规定：

1) 干管连接部位的管段下部应采用专用托架支撑，并固定、吻合。

2) 鞍形连接前，应用洁净棉布擦净连接面上污物，并用刮刀刮除干管连接部位外表面。

3) 待连接面应用鞍形连接加热工具加热。

4) 加热完毕，热熔焊接机应迅速脱离待连接件，并用均匀外力将鞍形管件压到干管连接部位，形成均匀凸缘。

水表的安装与抄表工作

1. 水表的安装

(1) 安装水表应注意表外壳上所指示的箭头方向必须与水流方向一致。

（2）为了保证水表的计量准确，在翼轮式水表与闸门间应有 8～10 倍水表直径的直线管段，其他水表约为 300 mm，以使水表前水流平稳。

（3）水表前后需装检修阀门，如图 3—3—17 所示，以便拆换和检修水表时关断水流；对于不允许断水或设有消防的给水系统，还需设旁通管，在旁通管上装阀门。

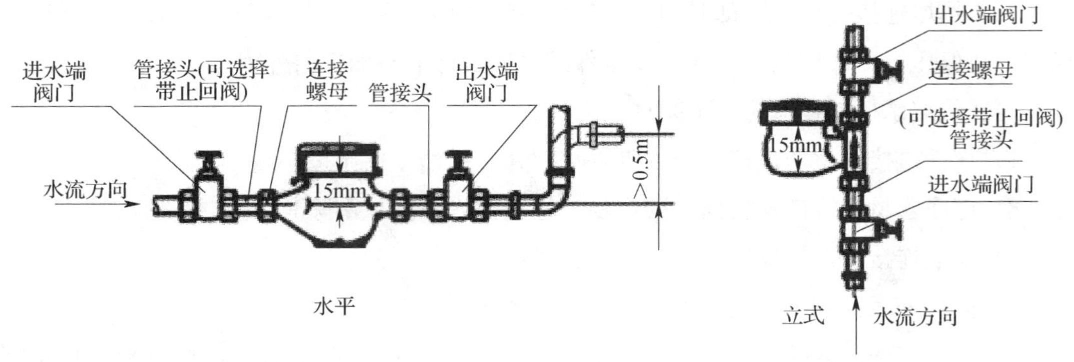

图 3—3—17　水表安装

（4）为了检查水表的工作和放掉管内的水，在水表与表后阀门之间，设泄水检查水龙头。

（5）水表应安装在查看方便、不受暴晒、不致冻结和不受污染的地方，一般设在室内或室外的专门水表井中。图 3—3—18 所示为室内水表井及安装图，图 3—3—19 所示为室内水表安装图，安装水表的主要材料见表 3—3—4。

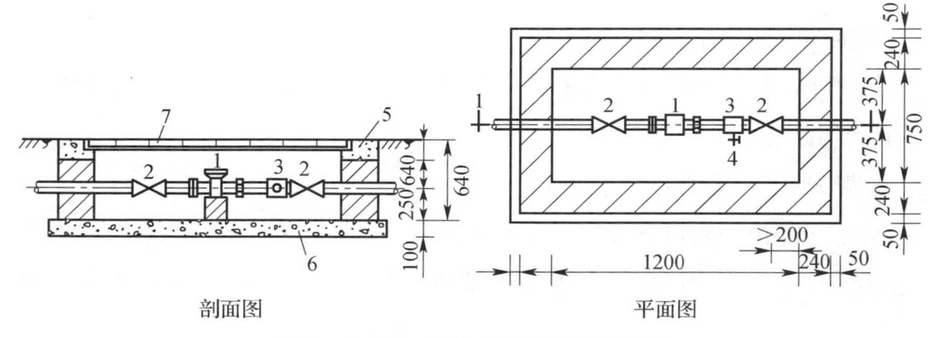

图 3—3—18　室内水表井及水表安装

1—水表　2—阀门　3—三通　4—泄水检查龙头　5—混凝土井盖座

6—混凝土基础　7—盖板

家庭单独用小水表，明装于每户进水总管上，水表前应装阀门，以便局部关断水流。水表外壳距墙面不得大于 30 mm，水表中心距另一墙面（端墙）的距离为 450～500 mm，安装高度为 600～1 200 mm，水表前后直线管段长度大于 300 mm 时，其超出管段应用弯头盘到墙面，沿墙面敷设，管外壁距墙面 20～25 mm，如图 3—3—20 所示。

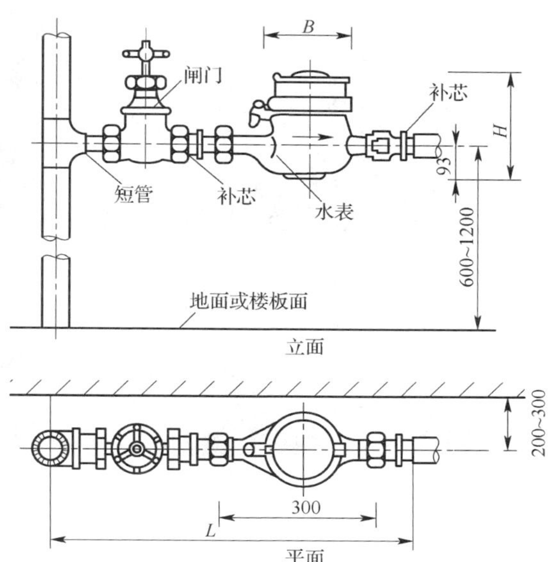

图 3—3—19　室内水表安装图

表 3—3—4　　安装水表的主要材料

管道直径（mm）		15		20		25		32		40	
编号	材料名称	规格	数量（个）	规格	数量（个）	规格	数量（个）	规格	数量（个）	规格	数量（个）
1	水表	15	1	20	1	25	1	32	1	40	1
2	闸阀	15	2	20	2	25	2	32	2	40	2
3	三通	15×15	1	20×15	1	25×25	1	32×15	1	40×15	1
4	水嘴	15	1	15	1	15	1	15	1	40	1

2. 识读水表与抄水表

物业管理人员要定期检查业主用水情况，此工作通常称为查水表或抄水表，抄水表通常需入户或到管道井查看，如图 3—3—21 所示。

水表表盘上刻有计量水量的刻度数，一般水表都有若干个刻度盘，盘上标有“×□□□□”，其中□□□□为数字，如×100 即为该刻度盘每格为 100 m^3。水表量程不同，刻度盘数多少及计量也不同。图 3—3—22 所示为量程 10 000 m^3 的水表。其上指针指示数字分别是：×1 000 刻度盘上为：1×1 000＝1 000 m^3（注意指针在 1～2 之间，读整数 1，不足 2 的值在下一个盘上读数）；×100 m^3 上读数为：5×100＝500 m^3；×10上读数为：8×10＝80 m^3；×1 上读数为：6×1＝6 m^3，依次类推。然后将上述几个度盘水量数相加，即得水量累积数为 1 586.567 m^3。

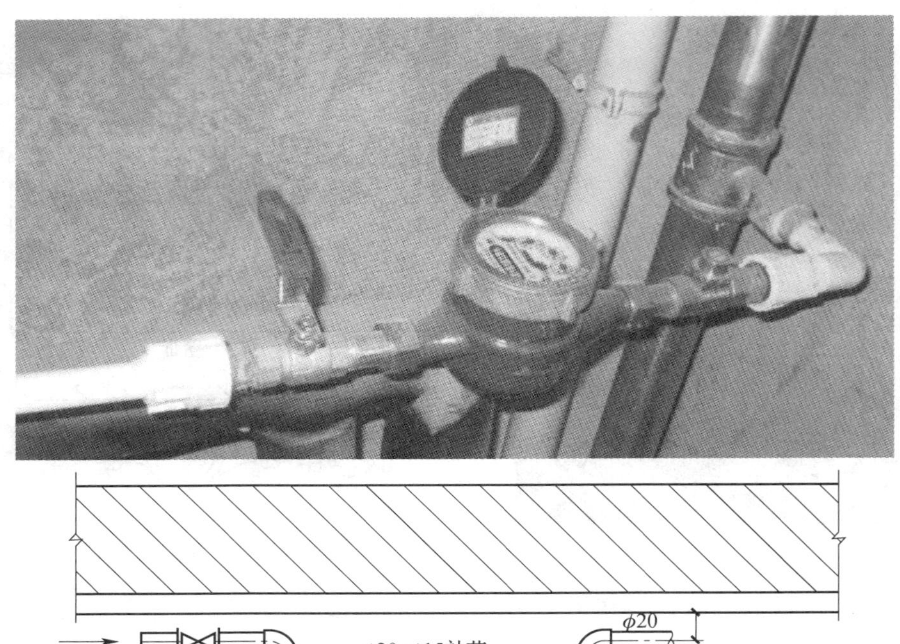

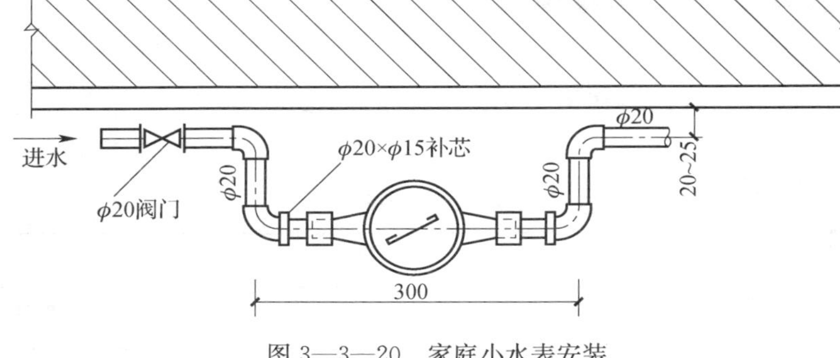

图 3—3—20　家庭小水表安装

图 3—3—21　抄水表

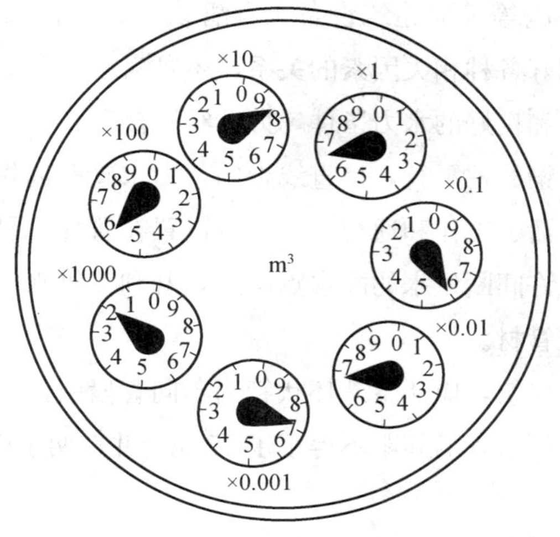

图 3—3—22　水表读数示意图

思考与练习

1. 室内给水管材可分为哪些类型？
2. 塑料管具有哪些特点？
3. 水龙头按结构不同可分为哪些类型？
4. 水表类型的选择必须考虑哪些因素？
5. 简述 PPR 管热熔连接的操作步骤。

第 4 节　室内给水管道的设置及维修

加强给排水设备的定期维修、日常保养与维护，保障设备与设施系统的正常运行，可提高现有设备与设施的性能、完好率及延长设备使用寿命，节约资金，实现物业的科学管理。

一、室内给水管道的设置方法及要求

1. 室内给水管道设置的基本要求

室内给水管道的布置受建筑结构、用水要求、配水点和室外给水管道的位置，以及供暖、通风、空调和供电等其他建筑设备工程管线布置等因素的影响。进行管道布置时，不但要处理和协调好各种相关因素的关系，还要满足以下基本要求：

（1）确保供水安全和良好的水力条件，力求经济合理

管道尽可能与墙、梁、柱平行，呈直线走向，力求管路简短，以减少工程量，降低造价。但不能有碍于生活、工作和通行，一般可设置在管井、吊顶内或墙角边。干管应布置在用水量大或不允许间断供水的配水点附近，既利于供水安全，又可减少流程中不合理的传输流量，节省管材。

不允许间断供水的建筑，应从室外环状管网不同管段引入，引入管不少于两条。若必须同侧引入时，两条引入管的间距不得小于 15 m，并在两条引入管之间的室外给水管上安装阀门。

如图 3—4—1 所示，室内给水管网宜采用枝状布置，单向供水。不允许间断供水的建筑和设备，应采用环状管网或贯通枝状双向供水，设两条或两条以上引入管，在室内将管道连成环状双向供水。若条件不可能达到，可采取设储水池（箱）等安全供水措施。

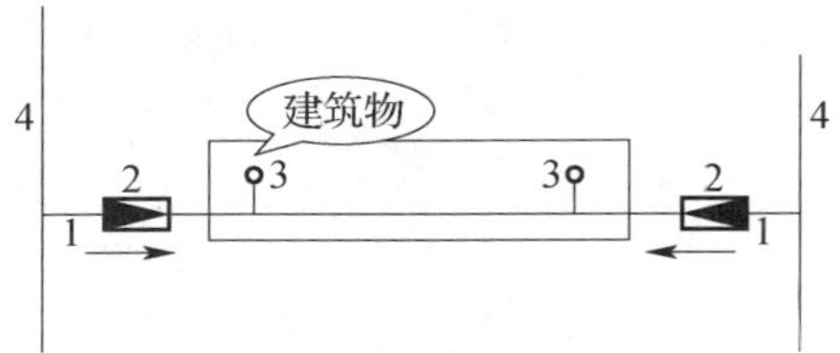

图 3—4—1　室内给水管网采用枝状布置

1—引入管　2—水表井　3—立管

4—室外给水管道

（2）保护管道不受损坏

给水埋地管道应避免布置在可能受重物压坏处。管道不得穿越生产设备基础，如遇特殊情况必须穿越时，应采取有效的保护措施。丝扣弯头法如图 3—4—2 所示，在建筑沉降过程中，两边的沉降差由丝扣弯头的旋转来补偿，适用于小管径的管道；活动支架法如图 3—4—3 所示，在沉降缝两侧设立支架，使管道只能垂直位移，不能水平横向位移，以适应沉降、伸缩的应力。为防止管道腐蚀，管道不允许布置在烟道、风道、电梯井和排水沟内。

图 3—4—2　丝扣弯头法

（3）不影响生产安全和建筑物的使用

为避免管道渗漏，造成配电间电气设备故障或短路，管道不能从配电间通过，不得穿越变电间、配电间、电梯机房、通信机房，大中型计算机房、计算机网络中心、档案室、书库、音像库房等遇水会损坏设备和引发事故的房间；一般不宜穿越卧室、书房及储藏间。不宜穿过橱窗、壁柜、吊柜等设施和在机械设备上方通过，以免影响各种设施的功能和设备的维修。

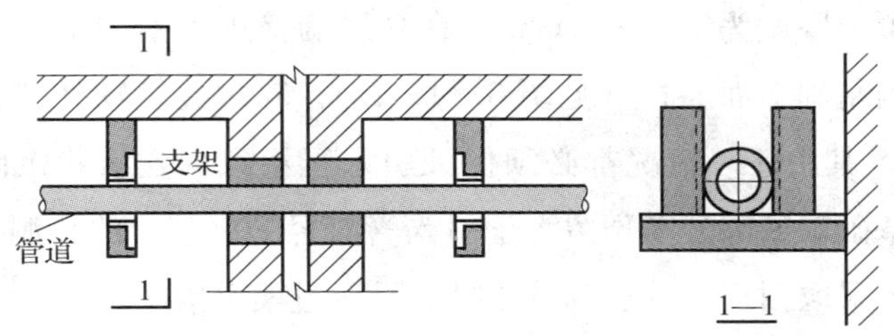

图 3—4—3　活动支架法

（4）便于安装维修

布置管道时其周围要留有一定的空间，以满足安装、维修的要求。

2. 给水管道的设置敷设

（1）给水引入管的设置敷设

建筑物的给水引入管，从配水平衡和供水可靠来考虑，宜从建筑物用水量最大处和不允许断水处引入。若用水设备布置较均匀时，可由建筑物中部进入，以求管线简短，减少能量损失，且使供水均匀。一般引入管只设一条。若要求建筑物不能断水或室内消火栓总数在 10 个以上时，可设置两条引入管。两条引入管应由建筑物不同侧的配水管网上引入，如图 3—4—4 所示。如果受条件限制时，可设在同侧。两条引入管间距不应小于 10 m，并在其间设阀门控制，如图 3—4—5 所示。

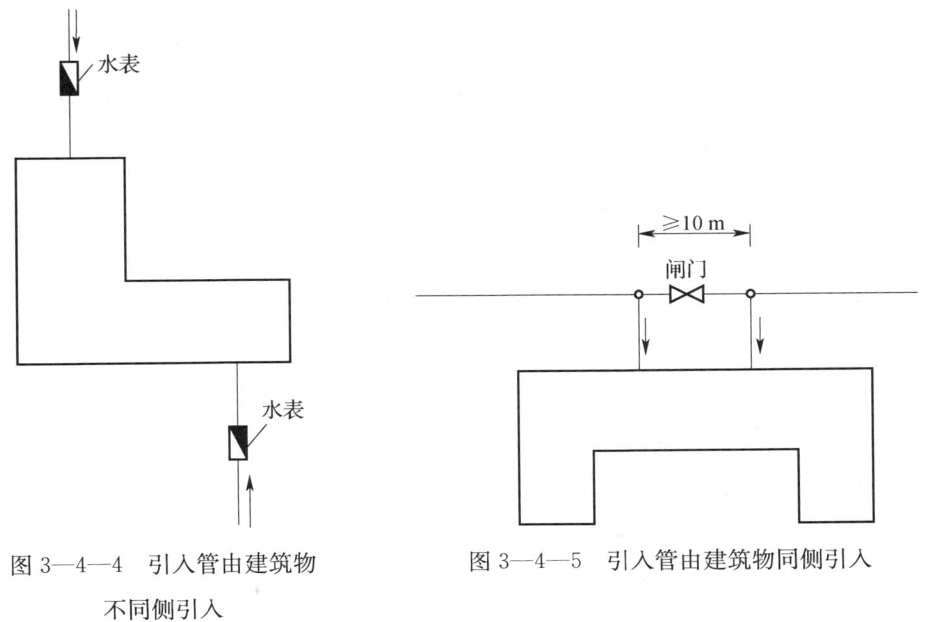

图 3—4—4　引入管由建筑物不同侧引入

图 3—4—5　引入管由建筑物同侧引入

引入管的敷设，其室外部分埋深由土壤的冰冻深度及地面荷载情况决定。通常敷设在冰冻线以下，覆土厚度为 0.7～1.0 m。在穿过墙壁进入室内部分，可有下面两种情况：由建筑物外墙基础下面通过（见图 3—4—6a）；穿过建筑物外墙基础或地下室墙壁（见图 3—4—6b）。其中任一情况都必须保证引入管不致因建筑物沉降而受到破坏。为此，在管道穿过基础墙壁部分需预留大于引入管直径 200 mm 的孔洞，在管外填充柔性或刚性材料，或者采取预埋套管、砌分压拱或设置过梁等措施。

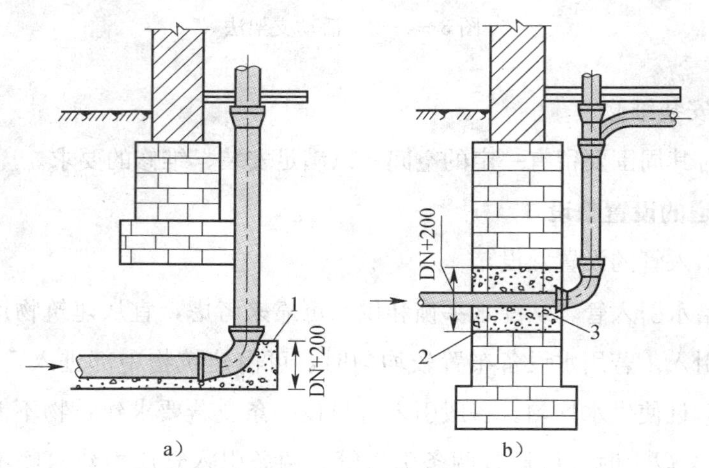

图 3—4—6 引入管穿过建筑物基础

a）浅基础 b）深基础

1—C10 混凝土支座 2—黏土 3—M5 水泥砂浆封口

（2）水表的设置

水表节点一般装设在建筑物的外墙内或室外专门的水表井中。装置水表的地方气温应在 2℃以上，并应便于检修，不受污染，不被损坏，查表方便。

（3）室内给水干管的布置敷设

室内给水干管的布置要根据房屋的性质、建筑和结构要求及卫生器具布置等情况而定。总的要求是管线力求简短，便于安装检修。在大型建筑物中的干管上可以设置多条立管。要求供水安全性较高的建筑物，干管可以形成环形管网。如果室内支管较长，穿越的房间较多，可多设立管，以减短支管，减小施工难度，对建筑、结构、供暖、配电及检修等都较为有利。

给水管道的敷设，根据建筑对卫生、美观等方面要求不同，分为明装和暗装两种。

1）明装，即管道外露，如图 3—4—7 所示，管道在室内沿墙、梁、柱、天花板下或地板旁暴露敷设。明装管道造价低，施工安装与维护修理较为方便。缺点是由于管道表面积灰、产生凝水等影响环境卫生，并且明装有碍房屋美观。一般民用建筑和大部分生产车间均用明装方式。

图 3—4—7　管道明装

2）暗装，即管道敷设在地下室天花板下或吊顶中，或在管井、管槽、管沟中隐蔽敷设，如图 3—4—8 所示。管道暗装时，卫生条件好、房间美观，标准较高的高层建筑、宾馆等均采用暗装方式；在工业企业中，某些生产工艺要求高，如精密仪器或电子元件车间，要求室内洁净无尘时，也采用暗装。暗装的缺点是造价高，且施工与维护均不便。

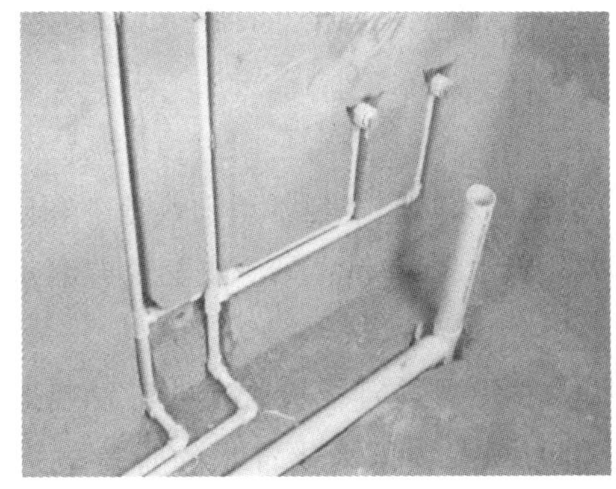

图 3—4—8　管道暗装

3. 给水管网中阀门的设置

（1）各种给水管网中装设阀门的管段

1）建筑物的每条引入管、水表前和立管上。

2）给水干管应根据使用要求和检修条件装设阀门；环状管网支干管，贯通枝状管网的连通管上。

3）居住和公共建筑中，从立管接的配水支管上。

4）工艺要求设置阀门的生产设备配水支管或配水管，但同时关闭的配水点不得超过 6 个。

（2）给水管网上阀门选择的规定

1）根据阀门的密封特性，管径小于等于 50 mm 时，宜采用闸阀。

2）双向流动的管段上，应采用闸阀。

3）两条以上引入管在室内连通时的每条引入管上应装设止回阀。

4）向生产设备供水，设备内部可能产生高于给水管网水压时，应装设止回阀。

5）利用室外给水管网压力储水的高位水箱，其进水管和出水管为一条管道时，应装设止回阀。

6）为保证水表不倒转和水质不相互污染，在每条引入管进口处应装设止回阀。

消防和生产、生活共用给水系统的建筑物，当只有一条引入管时，应在水表处设旁通管。旁通管管径与引入管管径相同，以保证消防用水的需要。

二、给水系统的维护和管理

给水系统管理的主要内容有：保证各种卫生器具及整个系统的设计供水量；经常检查及润滑各种阀门，注意补充阀门手柄处的密封填料，防止滴漏；消除漏水现象；及时进行水管的清垢和防腐蚀处理；防止噪声；防止冰冻或管道表面产生冷凝水而形成水滴等。具体工作如下：

1. 给水管道的检查维修

养护人员应十分熟悉给水系统，经常检查给水管道及阀门（包括地上、地下和屋顶等）的使用情况，经常注意地下有无漏水、渗水、积水等异常情况，如发现有漏水现象，应及时进行维修。

漏水是给水管道系统及配件的常见故障。明装管道可沿管线检查，即可发现渗漏部位。对于埋地管道，首先进行观察，对地面长期潮湿、积水或冒水的管段应进行听漏。

2. 给水管道的保温防冻

寒冷地区，当管道敷设在土壤冰冻线以上时，因管内水受冻结冰，易使管子胀裂；或由于给水管道通过局部室温低的场所，管中水结冰而引起管子胀裂。

防止给水管道受冻的方法主要是加强保温。埋地管道可以在管顶加盖适当厚度的炉渣、膨胀珍珠岩粉等保温材料后，再回填土，保温效果比较显著。对无采暖设备的房间，应将管道保温或在不配水期间放掉管道内积水。设在屋顶的水箱也需保温。水表周围用填料式保温箱保温，以防冻坏。

3. 防止形成冷凝水

当管中的水温较低时，在温度高（与室外空气比较）、湿度大的房间（如厨房、卫生间、洗衣间）里，空气中的水蒸气就会凝结在管壁及卫生器具上，并使水滴汇集成水流。常用防潮绝缘层包覆水管，并保持室内通风，以降低室内的温度和湿度，防止管壁产生冷凝水。

4. 给水管道的清理

给水管道的清理方法较多，详见前文相关内容。

5. 水箱的清理

室内给水系统中的水箱装置，应注意保持清洁，定期清除其中的沉淀物，并加以消毒。

给水管道的维修

给水管道系统经常出现的故障是漏水。漏水会造成供水压力和流量达不到用户的要求，同时增加经常性运行费用。因此给水管道系统维修管理的主要工作是查漏，配水附件、控制附件的维修，坏管的检修，水管防冻及管道清理等。

1. 室内给水管道水流不畅或管道堵塞的原因、预防措施及检修方法

室内给水管道水流不畅或管道堵塞的原因、预防措施及检修方法见表 3—4—1。

表 3—4—1　室内给水管道水流不畅或管道堵塞的原因、预防措施及检修方法

原因	预防措施	检修方法
①安装前未认真清理管道内部，断口有毛刺或缩口现象 ②施工过程中，管口未及时封堵或封堵不严；水箱未及时加盖，致使杂物落入，堵塞或污染管道 ③溢水管直接插入排水系统，造成污水污染水质 ④未按规定进行水压试验和通水前的冲洗	①管子安装前，应认真清理管道内部杂物和污物，特别是安装已用过的管道，必须用铁线扎布反复拉拽几次，以清除管内锈蚀或杂物 ②使用切管器切断管道时，管口产生缩口，应用圆锉或刮刀进行扩口，使断面恢复原管径 ③管道进行检修时，应随时加管堵封严，以防交叉施工时落入异物；水箱检修完毕应及时加盖，防止杂物落入 ④水箱的上水溢水管不要直接通入排水管道，可隔开一定的距离 ⑤管道检修完毕，必须按设计或施工验收规范规定的要求进行水压试验。在系统投入使用前应用水反复冲洗系统	当发现管道流水不畅或有堵塞时，必须仔细观察，确定堵塞水点，然后拆开疏通。疏通完毕后，重新组装，通水后无渗漏，再投入使用

2. 水龙头常见故障的检修方法

水龙头常见故障有螺盖漏水、关不严和水龙头关不住等，其故障原因和排除方法见

表 3—4—2。

表 3—4—2　　水龙头常见故障原因和排除方法

故障现象	故障原因	排除方法
水龙头出水分叉或水量减少	过滤网积垢或杂物水垢等脏物堵塞	将水龙头拆下，清洗过滤网
水龙头有时有噪声	水压过高；冷热水管固定不良	降低给水压，检查水管和连接物体（如净水器、热水器）有没有接触不良
螺盖漏水	水龙头在反复开、关过程中，阀杆与填料间相互摩擦产生间隙，造成漏水	检修应在水龙头关闭的状态下进行。用扳手先松开螺盖，再用细铁线勾出填料盒中的旧填料，按顺时针方向重新缠入 1～2 圈的细石棉绳（缠多了螺盖不易旋入）再用扳手将螺盖拧紧；以既不漏水又开启灵活为宜
关不严	水龙头阀垫被磨损，或芯子折断，或阀座被划伤	检修时，应将表前阀门关闭，用扳手打开水龙头螺盖，根据具体情况更换阀垫或芯子。如经检修后仍关不严，则是阀座有划伤的地方，需更换水龙头
水龙头关不住	阀杆螺纹磨损或腐蚀产生滑丝。如果用手从手轮处能将阀杆按下去（这时水龙头就不再流水）便是阀杆已经滑丝	检修时，也应将表前阀门关闭，将水龙头螺盖拆开，将阀杆从手轮上冲下来，换上新阀杆即可。在没有备件的情况下，则更换水龙头

3. 室内给水管道阀门常见故障的检修方法

室内给水管道阀门的常见故障有盖母漏水、阀门不通、阀门滴漏或产生管鸣等。

（1）阀门盖母漏水

阀门盖母漏水的原因是开关频繁，填料磨损所致。检修时，将盖母拆下，用旋具撬出填料盖，清理出旧填料，缠入 3～4 圈细石棉绳（可不分正反方向）后，再用填料盖压好，拧好盖母即可。

对于不经常开、关的阀门，一旦使用，往往会在盖母处产生漏水故障，原因是阀门里密封填料已失效，阀杆转动后，两者间产生了间隙。检修时，应先按旋松的方向将盖母转活动，然后按拧紧的方向拧紧盖母即可。如上述措施无效，说明填料已失去应有弹性，应松开螺盖，将填料盒中的旧填料清理干净，缠入 3～4 圈细石棉绳，再将螺盖拧紧即可。

50 mm 以上的阀门设有盖母，与盖母相应的零件称为压兰。压兰自身不带螺纹，而是靠两个螺栓连接在阀门盖上。压兰的底部呈锥形，因此压兰下面不需要另加填料盖。

压兰泄漏的原因与检修方法与盖母的基本一样，只是所用的填料大多采用成型的石墨石棉绳（盘根绳）。

口径较大的阀门，其阀杆是靠填料压盖压紧密封材料而达到密封的。如其密封效果不好，可松开填料压盖的压紧螺母，开启压盖，更换新的填料（石墨盘根式黄油盘根），再旋紧压盖螺栓即可止漏。

（2）阀门不通

闸板阀门感觉开不到头，再关也关不到底，这是由于阀杆滑扣，使阀杆不能将闸板带上来，因此阀门不通。属于这种情况时，需换阀杆或更换整个阀门。

球形阀门开不到头或关不到底，也属于阀杆滑扣，需更换阀杆或阀门。如果阀门能开到头，也能关到底，这说明阀芯与阀杆脱节了。对于50 mm以下的球形阀门，检修时将阀芯定到阀杆上方，从阀芯明槽处，将直径与阀芯（或阀杆）环形槽直径相等的铜丝插入阀杆上的小孔，用手使阀杆与阀芯做相对转动，铜丝会自然地卷入阀芯，阀芯即可连在阀杆上。

（3）阀门滴漏或产生管鸣

对于皮垫阀门多数是因为皮垫被磨薄，应拆开阀门盖更换皮垫。水流通过时产生很大的响声，是因为皮垫太大，与阀体摩擦产生共振，可取下皮垫用剪刀稍稍剪去一圈即可。

对闸板阀门或球形阀门，偶然关闭时，由于阀杆螺纹上生满了铁锈，也会出现关不严的现象。对于这种情况，可反复开关几次阀门，同时用小锤敲击阀体底部，即能将阀门关严，而无须对阀门进行研磨修理。

4. 室内给水管道漏水的检修

（1）打卡子

如果管壁腐蚀不严重，只有小孔漏水，可用打卡子的方法进行检修。

检修时，用锥形硬木塞塞进孔内轻轻敲打，堵住漏水处，沿管外壁锯掉木塞外露部分，再垫上一块大小适当、厚度为2 mm的橡胶板，用卡子将橡胶板压紧即可。50 mm以下的管子，管卡子可用2 mm左右厚的钢板在台虎钳上制作；50 mm以上的管子，管卡子需要加热锻打。常用管卡子的形式如图3—4—9所示。

（2）换管子

对于腐蚀严重、管壁变得很薄、管身斑点成鳞的管子，需换管处理。管子两端如有一端为活接头，可从活接头处拆开；如果两端都不是活接头，可以从管子中间锯断，将管子或附件拆卸下来。

由于管子长期埋在地下，管子与附件常常锈蚀在一起，造成拆卸困难，如用管钳子

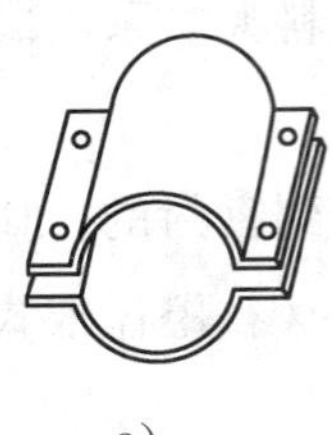
a）

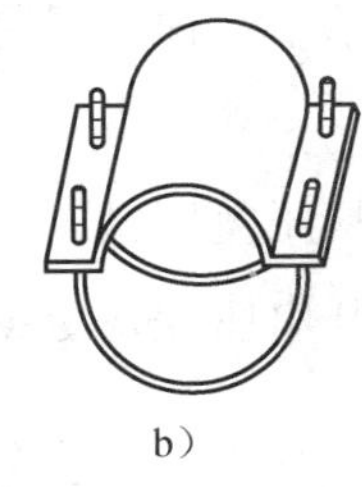
b）

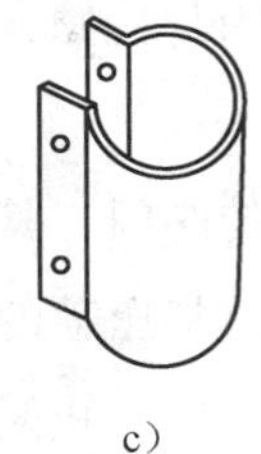
c）

图 3—4—9　几种常用的管卡子

a）整卡子　b）半卡子　c）软金属卡子

直接拆卸，往往会把管子夹扁或扭断。因此，在拆卸时，应用两把锤子相对地振打接头，或一锤做砧，一锤振打。振打时不宜用力过猛，而应适当增加振打的时间，以免打坏尚可继续使用的管件。待螺纹略微松动，再用管钳子拆卸。

另外，也可用气焊枪烧烤接头，待螺纹间的铅油、麻丝烧焦，且管子与管件由于受热不均匀而产生微量间隙，再用管钳拆卸就比较容易了。旧管拆下后，将新管及管件重新安装即可。

5. 管道冻结故障的排除

（1）排除给水管道立管冻结故障

1）地面以上部分融化方法。地面以上部分给水管道立管冻结可事先准备好足够的开水（一般 2～3 壶即可）从龙头开始，化开水龙头。将水龙头打开，再逐步往下浇烫，边敲管子边浇水，直至水龙头有水流出为止。管内的水流过一段时间后就会全部化开。还可以将浸过油的布条从管子下部缠到上部，然后在立管根部点燃，火焰从下部逐步向上部燃烧，火灭后，打开水龙头，过一会就会有水流出来。

2）地下部分融化方法。如果上述方法用过后仍不见有水流出，说明立管的地下部分也结了冰。这时应关闭引水管阀门，将水龙头处的弯头拧下，再将立管地上部分内已融化的冰水抽出来，用烧红的钢筋插入立管，热钢筋会边化冰边下沉，待钢筋不热时加热再烫，几次即可化开。

（2）给水管道冻裂但没漏水的修理方法

1）用电焊焊接裂缝。当给水管道被冻裂，裂缝宽度较小而长度又不超过 2 m，并且处于容易焊接的位置，可用电焊焊接裂缝。

焊接裂缝应采用粗焊条，先在缝中间点焊 2～3 处，防止裂缝开展，然后从焊缝下游的一端往上游焊接，更换焊条时动作要快，要在冰化之前焊完缝，最后按前述方法化通管道。

2）换管法。铸铁管被冻裂，一般很难用焊接的方法进行补救，多数情况下要换管。

如钢管被冻裂，但裂缝过长，缝又宽大，也需换管。

对于钢管可用焊接法换管，先准备好一节与原来管径一样，长度比裂缝长度稍长些的管子。换管时，先把坏管从裂缝的下游端割断，将好管对上焊好，再将坏管从裂缝的上游处割断，将好管另一端对上焊好。焊接时动作要快，防止管内的冰融化。焊后按上述方法化通管道。

（3）阀门冻裂的处理方法

阀门一般是用可锻铸铁制造的，冻裂后，须进行更换。换阀门时，如果管道里的冰还没化，可在不关闭引入管阀门的情况下进行。如果冰已融化，最好关闭引入管阀门后，再进行更换。若是没有相应的控制阀门或条件不允许停水时，可用抢换的方法进行。

抢换的方法是：将坏阀门卸下来，立即顺手将要换的全开状态的闸板对准管道，带上螺纹，关闭新换上去的阀门，再补缠麻丝，用扳手将阀门上紧。抢换阀门一定要用闸板阀，因为闸板阀全开时阻力小，螺纹易旋入；球形阀阻力大，一般不用。

思考与练习

1. 给水管道的布置受哪些因素的影响？
2. 给水管道系统维修管理的主要工作有哪些？
3. 简述给水管网上阀门选择的规定。
4. 如何进行室内给水管道换管操作？

第 4 章　室内排水系统管理与维修

室内排水系统在使用过程中，由于使用不当或前期有隐患，会出现各种各样的问题，需要进行及时维修和正常养护。室内排水系统由物业公司维护管理，为了保证排水系统畅通，必须强化排水系统的管理，定期对排水管道进行养护、清通，发现隐患及时处理。

第 1 节　室内排水系统及安装

室内排水的任务就是把室内的生活污水、工业废水和屋面雨水、雪水等及时畅通无阻地排至室内排水管网或处理构筑物，为人们提供良好的生活、生产、工作和学习环境。

一、室内排水系统的分类与组成

1. 室内排水系统的分类

按所排污水的性质，室内排水系统一般分为生活污水排水系统、工业废水排水系统、雨水和雪水排水系统三类。一般的住宅小区不含有工业废水排水系统。生活污水、工业废水、雨水和雪水排水系统，可根据污（废）水的性质、污染程度，分别设置管道排出建筑物外，称为室内排水分流制；将部分性质相近的污水、废水管道组合起来，合用一套排水系统，称为室内排水合流制。

（1）生活污水排水系统

在住宅、公共建筑和工厂车间的生活室内安装的排水系统，用以排除人们日常生活中盥洗、洗涤和粪便污水，图 4—1—1 所示为卫生间的用水设备及排水。

图 4—1—1　卫生间的用水设备及排水

（2）工业废水排水系统

用以排除工矿企业生产过程中所产生的污（废）水。工业生产部门繁多，所排污（废）水按污染程度可分为仅受轻度污染的工业生产废水和化学成分复杂、需单独排除的工业生产污水，图 4—1—2 所示为工业废水排放流程，图 4—1—3 所示为工业废水“零排放”流程。

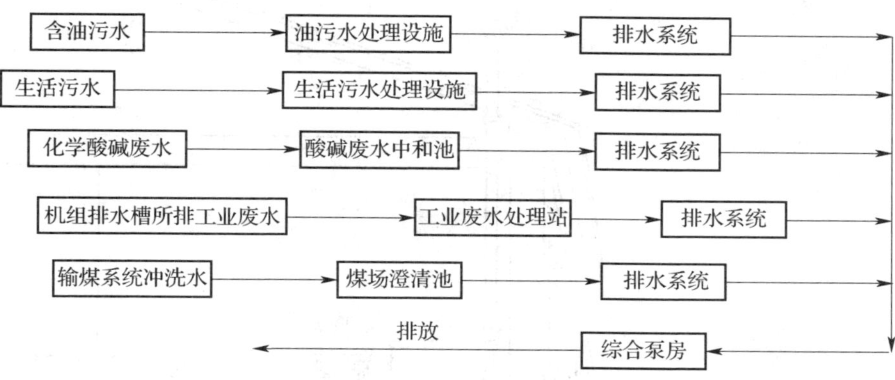

图 4—1—2　工业废水排放流程

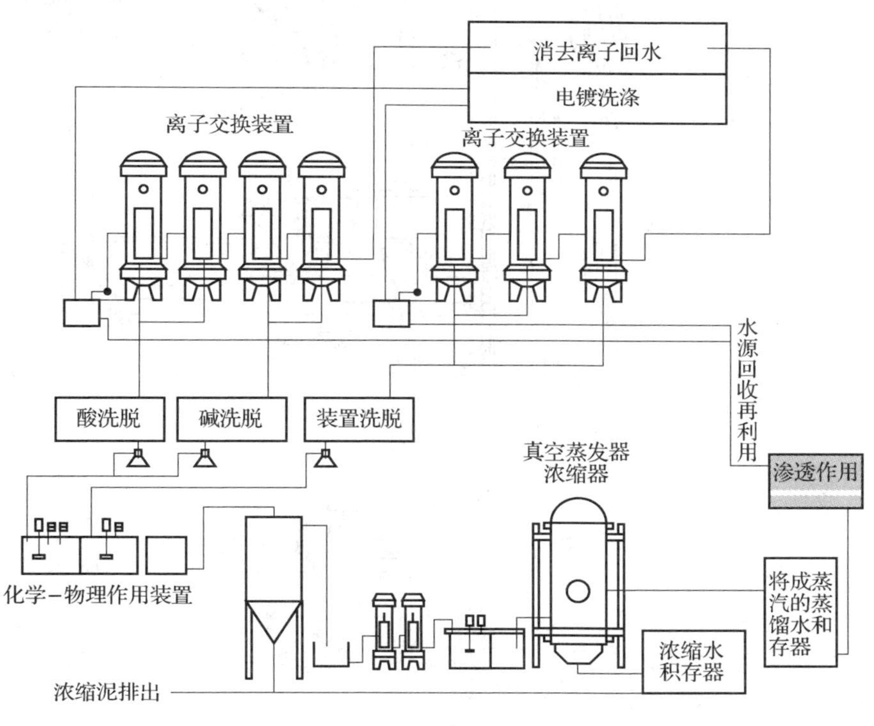

图 4—1—3　工业废水“零排放”流程

（3）雨水、雪水排水系统

在屋面面积较大或多跨厂房内安装的雨水、雪水排水系统，用以排出屋面的雨水和融化的雪水。

2. 室内排水系统的组成

如图 4—1—4 所示，室内排水系统一般包括污（废）水收集器、器具排水管、横

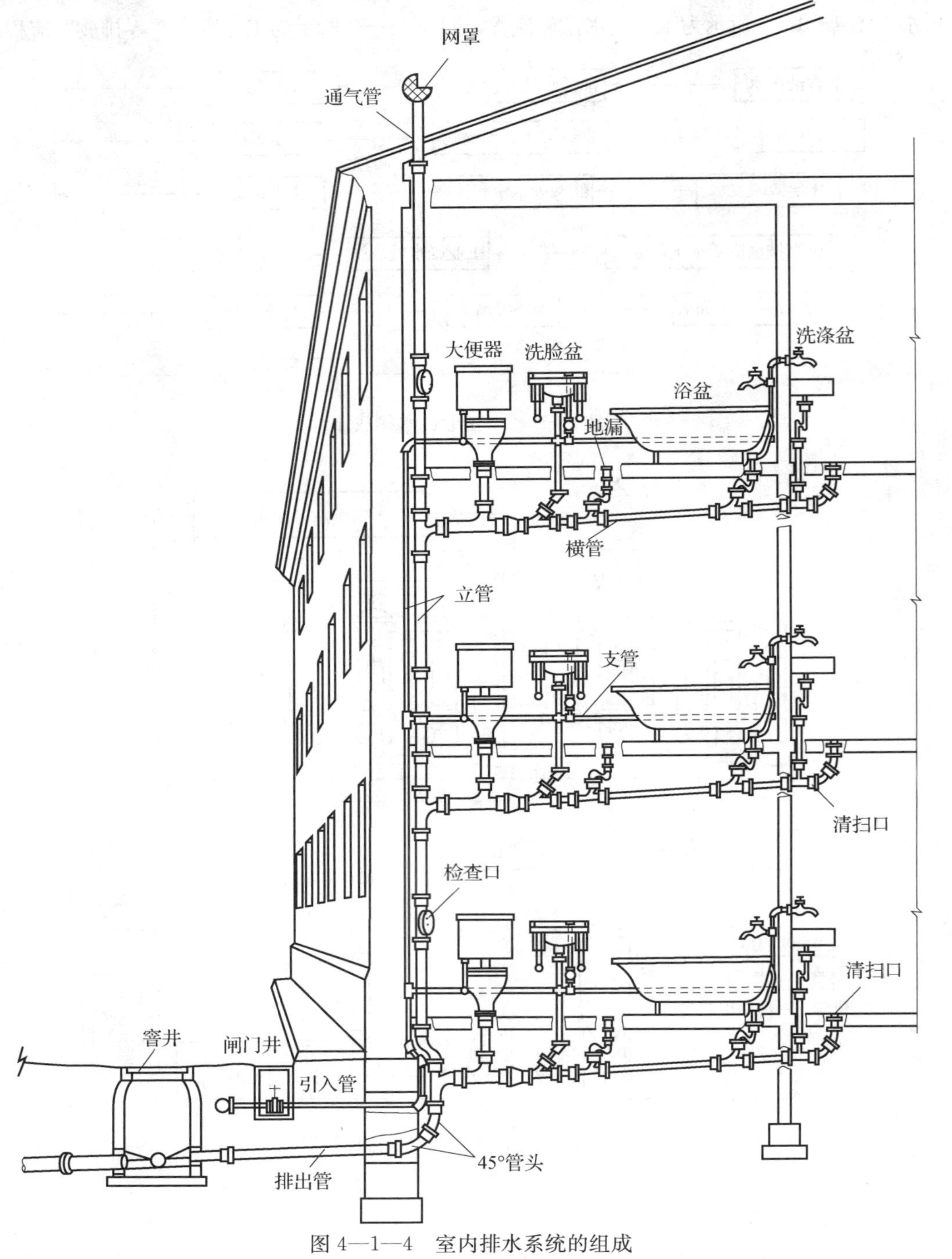

图 4—1—4　室内排水系统的组成

管、立管、排出管、通气管和清通设备等。

（1）污（废）水收集器

污（废）水收集器是指各种卫生器具、排放生产污水的设备和雨水斗等，如图 4—1—5 所示。其作用是收集和接纳各种污（废）水并将其排入室内排水管网系统。

a）

b）

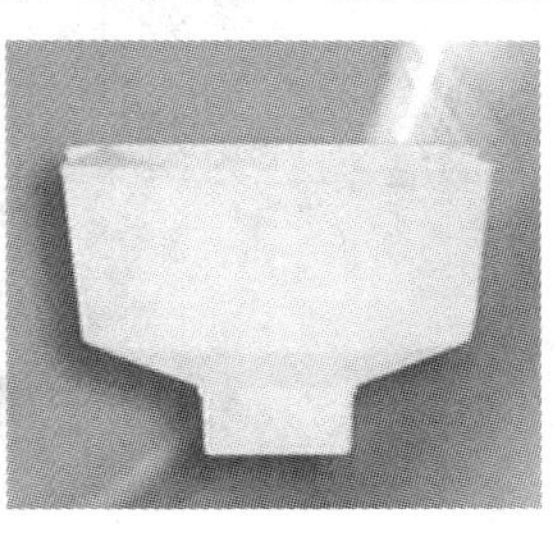

c）

图 4—1—5　污（废）水收集器

a）洗手盆　b）马桶　c）雨水斗

（2）器具排水管

器具排水管是指连接卫生器具和排水横支管之间的一段短管。按形状通常有 S 式存水弯、P 式存水弯和 U 式存水弯等，按材料有铸铁和黑铁存水弯、塑料存水弯和不锈钢存水弯等，图 4—1—6 所示为铸铁和黑铁存水弯，图 4—1—7 所示为塑料存水弯，图 4—1—8 所示为不锈钢存水弯，存水弯的作用是阻止室外管网中的臭气、有毒气体及昆虫进入室内，以保证室内环境不受污染。

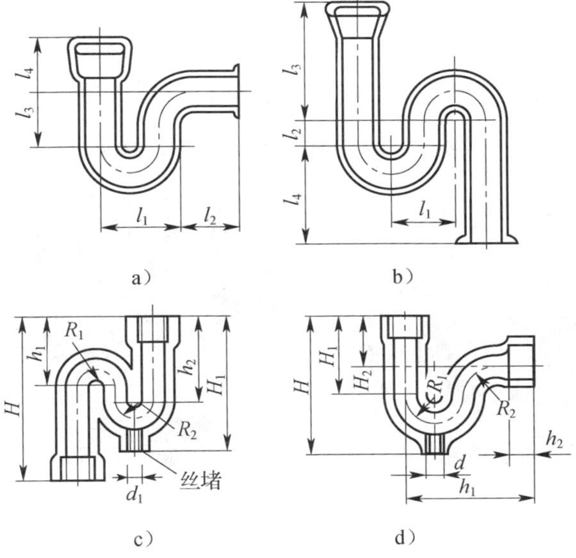

图 4—1—6　铸铁和黑铁存水弯

a）铸铁 P 式存水弯　b）铸铁 S 式存水弯　c）黑铁 S 式丝扣存水弯　d）黑铁 P 式丝扣存水弯

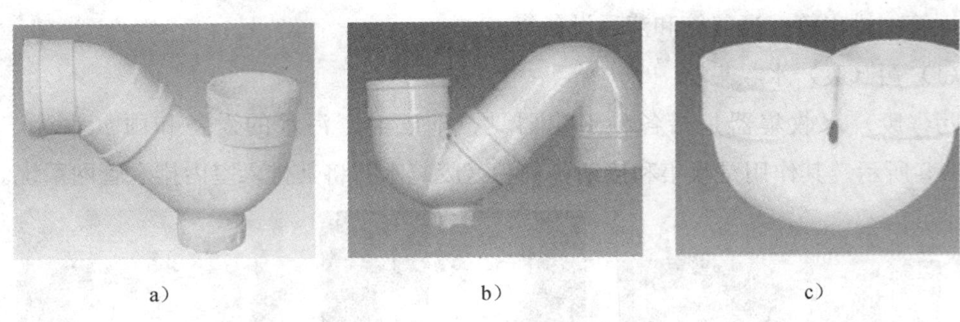

a） b） c）

图 4—1—7 塑料存水弯

a）塑料 P 式存水 b）塑料 S 式存水弯 c）塑料 U 式存水弯

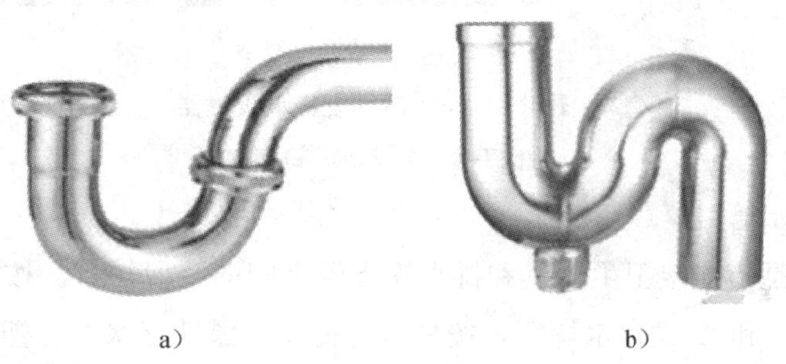

a） b）

图 4—1—8 不锈钢存水弯

a）不锈钢 P 式存水弯 b）不锈钢 S 式存水弯

（3）横管

排水横管是连接器具排水管与立管之间的水平支管。横管的作用是将卫生器具排水管排出的污水排至排水立管中去。排水横管在底层埋地敷设，楼层间一般沿墙悬吊在楼板下，横管应具有一定的坡度，坡向立管，如图 4—1—9 所示。

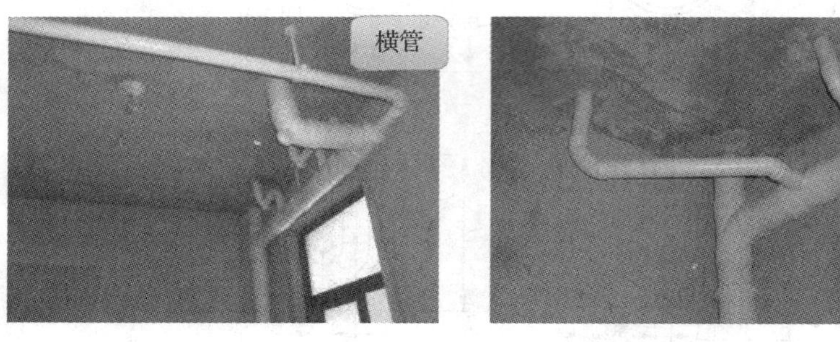

图 4—1—9 室内排水横管

（4）立管

立管是在垂直方向连接各楼层排水横支管，将各排水横管的污水收集并排至排出管，一般设在墙角明装，如图 4—1—10 所示。

(5) 排出管

排出管是室内排水立管与室外第一个检查井之间的连接管段。排出管接受一根或几根排水立管流来的污水，排至室外管网。

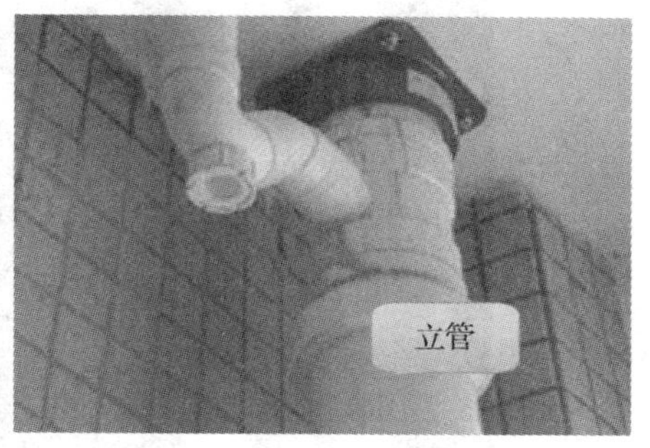

图 4—1—10 室内排水立管

(6) 通气管

通气管又称透气管。多层建筑中的通气管是指最高层卫生器具排水横管以上并延伸到屋顶以上的不过水部分的一段立管，如图 4—1—11 所示。在卫生器具数量很多的高层建筑中还设通气立管（分为专用通气立管、主通气立管和副通气立管三种）、器具通气管和环形通气管。其作用是使室内、室外排水管与大气相通，使排水管道中的臭气和有害气体排到大气中去，平衡管内压力，保证管内气压稳定，防止存水弯水封被破坏，保证排水管道中的水流畅通。通气管顶部设有通气帽或铅丝球，防止杂物进入管道。

图 4—1—11 楼顶通气管

(7) 清通设备

清通设备包括检查口、清扫口、室内检查井及带有清扫口的管配件等，图 4—1—12 所示为室内排水管道检查口，设置的目的在于对管道系统进行清扫和检查，当管道出现堵塞现象时，可在清通设备处进行疏通。

二、高层建筑排水系统

1. 高层建筑排水系统形式

(1) 高层建筑的排水类型

高层建筑排出的污水，按其性质可分为生活污水和室内雨水两大类。生活污水一般又分为粪便污水和洗涤废水两种。按系统组成特点，生活污水排水系统又分为普通排水系统和新型排水系统两类。普通排水系统即传统式排水系统，由管道组成排水和通气系统，又包括二管制和三管制两种。二管制是由一根污（废）水立管与一根专用通气立管组成的排水系统；三管制是由一根粪便污水立管、一根洗涤废水立管与一根专用通气（或主通气、副通气）立管所组成的排水系统。目前国内外高级旅馆大多数采用三管制

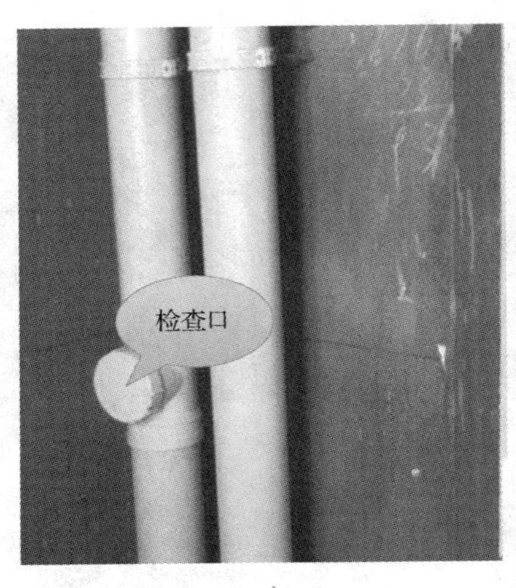

a）

b）

图 4—1—12 室内排水管道检查口

a）明装暗管道检查口 b）暗装管道检查口

排水系统。新型排水系统是取消专门通气管系的单立管系统，即由一根立管（粪便水与洗涤水合流）与节点组合配件组成的单立管排水系统。

高层建筑排水立管长，流量大，流速高，污水在管内流动过程中往往会引起气压波动，并可能形成水塞，造成卫生器具水封被破坏，因此高层建筑排水系统在管道布置上，应特别注意通气管系设置的合理性，创造良好的水力条件，使管道内气压稳定，防止水封破坏。管道和设备安装要牢固，防止管道下沉、位移和漏水，同时还要为污水的综合利用创造条件。

（2）高层建筑排水系统设置

高层建筑生活污水和室内雨水应分别设置排水系统。

生活污水排水系统按排水方式分为分流制和合流制两类。目前大部分高层建筑采用分流制排水系统。分流制就是粪便污水与洗涤废水分别设置管道排出，合流制是将粪便污水和洗涤废水合流通过一根立管排出。只有在层数少、立管负荷不大的高层建筑，如住宅、办公楼才采用合流制排水系统。

2. 高层建筑新型排水系统

随着高层建筑层数的提高，普通排水系统的立管往往容易产生水塞，单靠放大管径的办法加以解决，在经济技术上已显得不够合理。到了 20 世纪 60 年代，出现了取消专门通气管系的单立管式新型排水系统，这是高层建筑排水管道通气技术上的突破。

（1）苏维脱单立管排水系统

苏维脱单立管排水系统是瑞士伯尔尼职业学校卫生工程教师苏玛于 1959 年发明的。这是采用混合器代替排水三通，在立管底部以排气器代替排水弯头，使气水混合或分离的单立管系统。

1）气水混合器。气水混合器又称混合器，是一个长约 800 mm 带有乙字管和隔板的类似三通的配件，如图 4—1—13 所示。混合器装设在立管与每层排水横管连接处，其作用是限制立管内污水和空气的流动速度，并使从横管流来的污水有效地同立管中的空气混合。

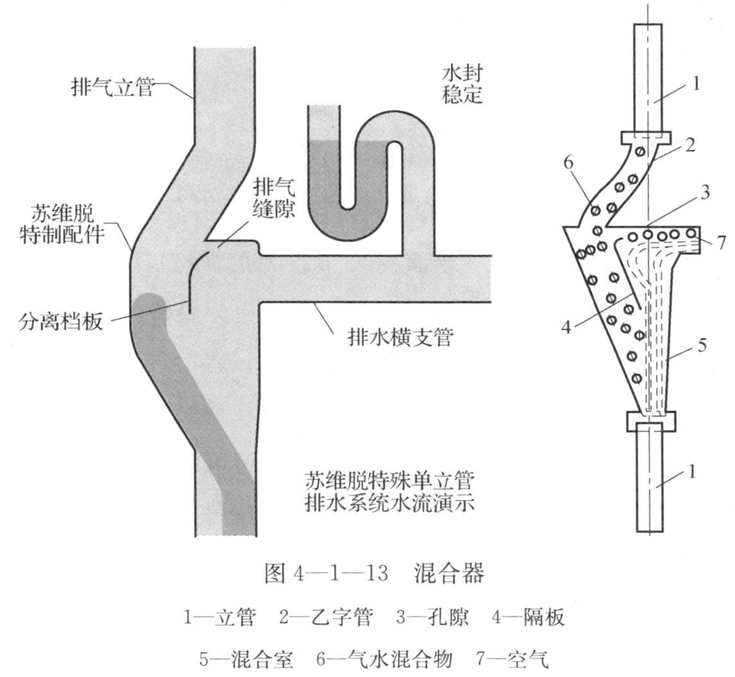

图 4—1—13　混合器

1—立管　2—乙字管　3—孔隙　4—隔板

5—混合室　6—气水混合物　7—空气

当上面立管流下来的污水经过乙字管时，由于水流受到阻碍使流速减慢，动能部分转化为压能，改善了立管内经常处于负压的状态，水流在此处形成紊流状态，结果使水团碎裂成无数小水滴，加速其与周围空气混合，同时在继续下降过程中，通过隔板上部 10～15 mm 的孔隙抽吸排水横管和混合器内的空气，使其变成自重轻、密度小，好像水沫一样的气水混合物（气水比为 3∶1～10∶1），这样一来其继续下降的速度减慢，可以避免过大的抽吸力。

由排水横管经混合器进入立管的污水，由于受到隔板阻挡而呈竖直方向流入，防止污水跨越立管横断面，因此不致隔断立管气流而造成负压。同时，由于隔板的存在，如果形成水塞也只限于混合器的右半部，此水塞通过隔板上部 10～15 mm 孔隙自立管及时补气，下降一个挡板高度（200 mm）后水塞就可以被破坏，水流沿管壁呈膜状向下流动。

2）气水分离器。气水分离器又称排气器，是由空气分离室和跑气管所组成的类似弯头的配件，如图 4—1—14 所示。其作用是把空气从水中分离出来，以保证污水通畅地流入干管。排气器装设在立管的最下部，污水和空气混合物自立管流入排气器，碰到突块时被溅散，从而使气体分离出来（占 70%以上），由此减少了污水的体积，降低了流速，使立管和横干管的泄流能力得到平衡，气流不致在转弯处受阻。分离出来的气体通过跑气管引出到横管下游至少 1 m 处（或向上返至立管中去），保证了水流的畅通，减小了立管底部产生过大的正压力，起着调节正负压力的作用。

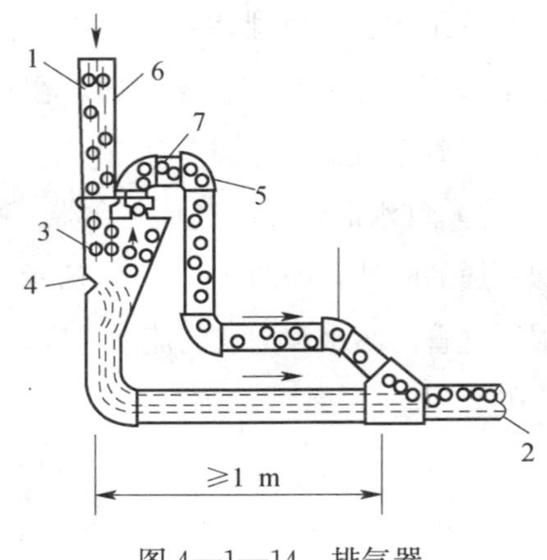

图 4—1—14　排气器
1—立管　2—横管　3—空气分离室　4—突块
5—跑气管　6—水气混合物　7—空气

苏维脱排水系统具有能减少立管内压力波动，降低正负压绝对值，保证排水系统工况良好，节省大量管材，降低工程造价等优点，在立管较多的旅馆和单元式住宅中，采用这种排水系统更为经济合理。

（2）旋流式单立管排水系统

旋流式单立管排水系统又称“塞克斯蒂阿”系统，是法国建筑科学技术中心在 1967 年提出来的，之后被广泛地应用在 10 层以上的居住建筑中。旋流式单立管排水系统是由各个楼层的排水横管与立管连接起来的“旋流排水配件”和装在底部的“旋流排水弯头”所组成的，如图 4—1—15 所示。

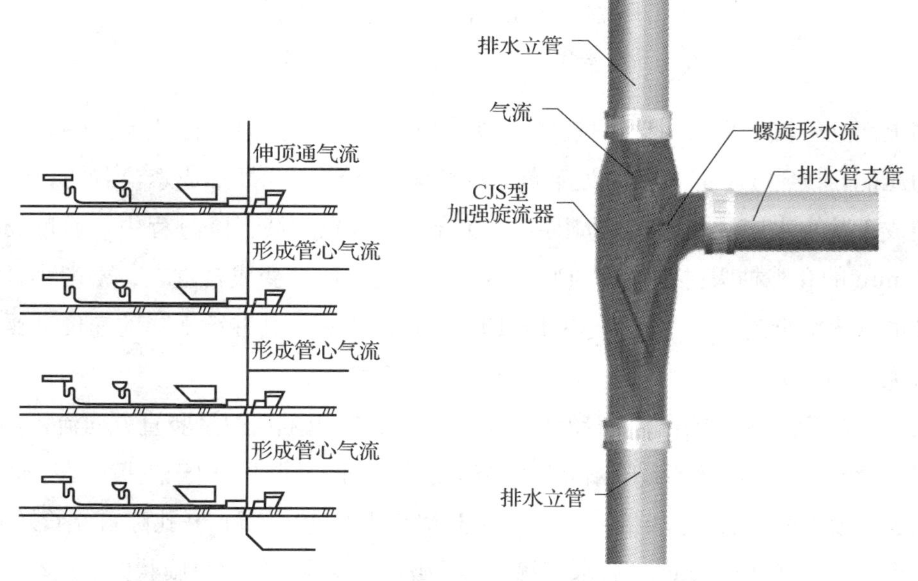

图 4—1—15　旋流式单立管排水系统

1）旋流排水配件。旋流排水配件如图 4—1—16 所示。配件盖板上有 1 个直径 100 mm的大便器污水接口和 6 个直径 50 mm 的污水管接口，配件内部有 12 块导流叶片。污水自入口进入配件后，受到导流板诱导而沿切线方向进入立管，使水流形成一股旋流，沿管壁旋转而下，使立管自上至下形成一个管心气流，这个管心气流约占管道横截面积的 80%。立管的管心气流与各横支管中的气流连通，并且通过伸顶通气管与大气相通，使立管中压力变化很小，从而防止卫生器具的水封被破坏，立管的负荷也可以大大提高。

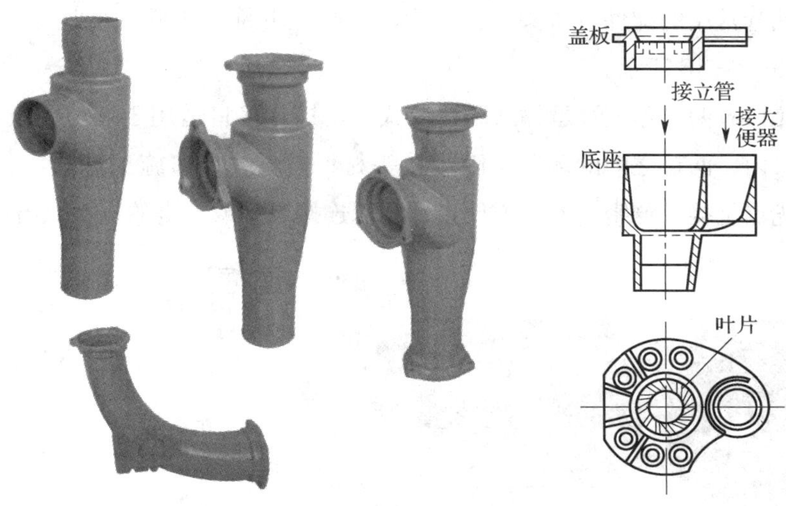

图 4—1—16　旋流排水配件

污水在立管中由于受摩擦力和重力的作用，旋流逐渐减弱，垂直分口逐渐增大，当污水经过下一层的旋流排水配件的导流叶片时，使旋流再次得到增强，从而保证了管心气流的贯通。

2）旋流排水弯头。旋流排水弯头如图 4—1—17 所示，是一个内部装有特殊叶片的 45°弯管，该特殊叶片能迫使下落水流溅向对壁而沿着弯头后方流下，这样就避免了排水横管水流流向干管，产生冲击流而封闭立管中的气流造成过大的正反力。

旋流式单立管排水系统由于充分创造了使下落水流沿管壁做膜流运动的条件，保证了立管内压力波动幅度很小，提高了排水能力，降低了管道噪声，因而在多层及高层住宅排水中应用是大有前途的。

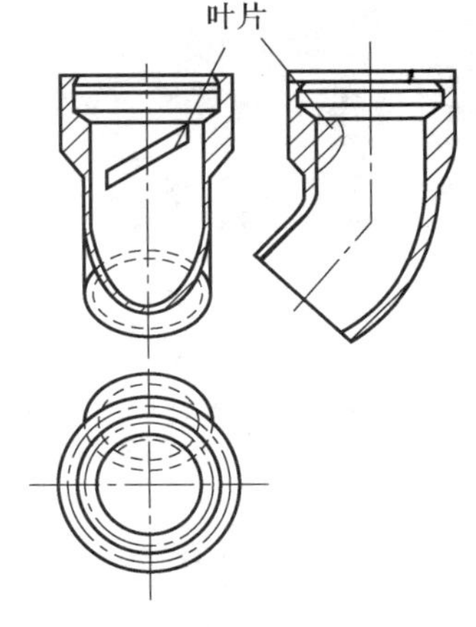

图 4—1—17　旋流排水弯头

三、室内排水管道材料与附件

排水管材可分为金属管和非金属管。室内排水管的横管和立管多选用铸铁管和硬聚氯乙烯塑料管，横出管多采用混凝土管、陶土管等。

1. 铸铁管

铸铁管经久耐用，有较强的耐腐蚀性，价格低，使用最广。缺点是质脆，不耐振动和弯折，质量较大，表面粗糙，水力条件差。常用于室内排水管。

排水铸铁管常用的配件有弯头、乙字管、三通、四通、管箍、大小头、存水弯和地漏等，如图 4—1—18 所示。

铸铁管接口有两种形式：承插式和法兰式。承插式接口适用于埋地管线，安装时将插口插入承口内，两口之间的环形空隙用接头材料填实，接口施工麻烦，劳动强度大。法兰接口的优点是接头严密，检修方便，常用以连接泵站或水塔的进水、出水管。

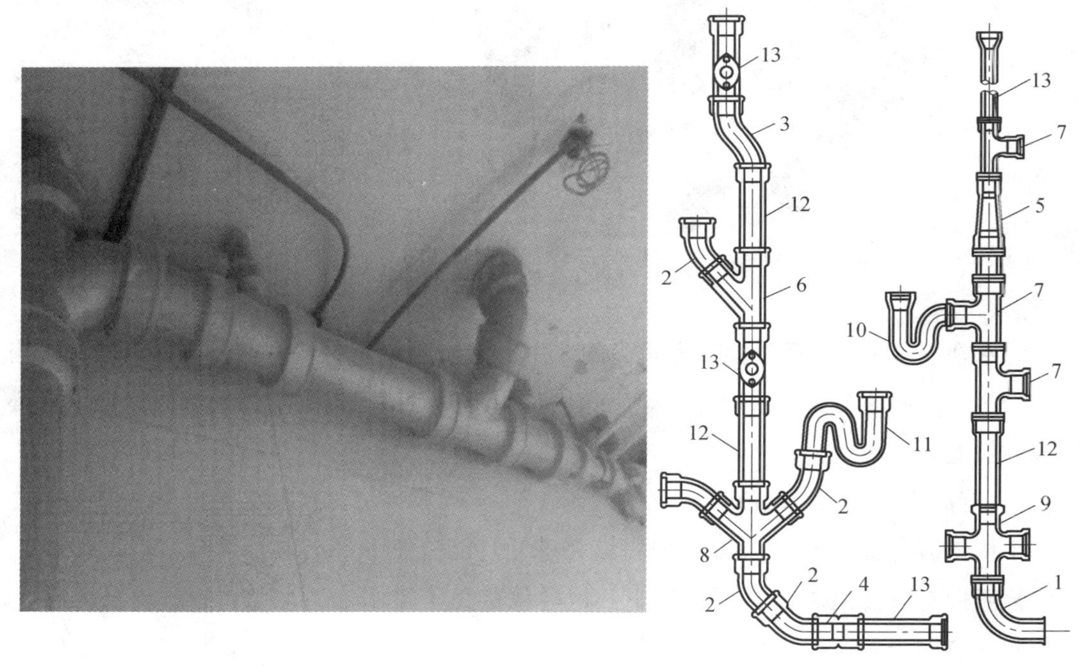

图 4—1—18　排水铸铁管常用的配件

1—90°弯头　2—45°弯头　3—乙字管　4—双承管　5—大小头　6—斜三通
7—正三通　8—斜四通　9—正四通　10—P 弯　11—S 弯　12—直管　13—检查口短管

2. 硬聚氯乙烯塑料管

硬聚氯乙烯塑料管（简称 UPVC）目前广泛使用在室内排水管道上。硬聚氯乙烯塑

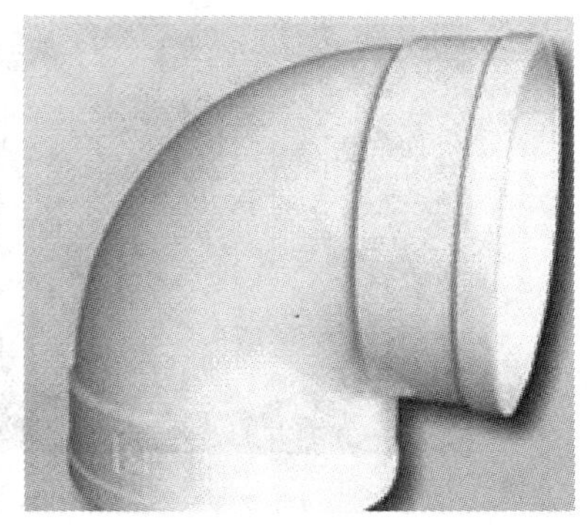

图 4—1—19　弯头

料管有轻型管和重型管之分。其优点是有良好的化学稳定性，耐腐蚀，具有很好的可塑性，不受酸、碱、盐、油类等介质的侵蚀；在加热的情况下容易加工成型，材质轻，密度为钢的 1/5、铝的一半；管内壁光滑，水头损失小，容易切割，安装也很方便。其缺点是强度低，不能耐较高的温度，易老化。硬聚氯乙烯注塑配件管配件的承插粘接管件有弯头（见图 4—1—19）、三通（见图 4—1—20）、四通（见图 4—1—21）、套筒和大小头（见图 4—1—22）、存水弯、伸缩节和束接（见图 4—1—23）等。硬聚氯乙烯带螺纹连接系列的各种配件如图 4—1—24 所示。

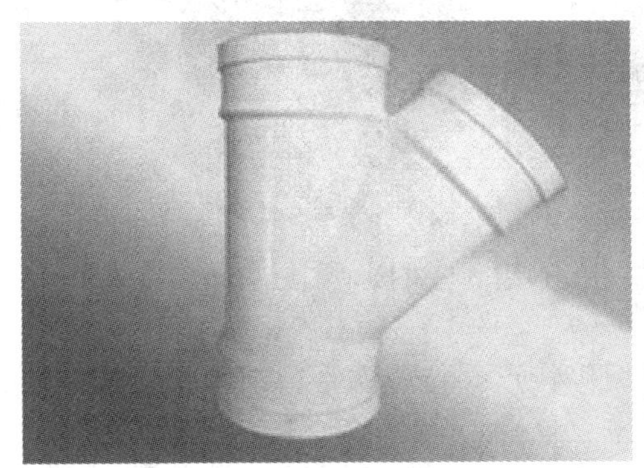

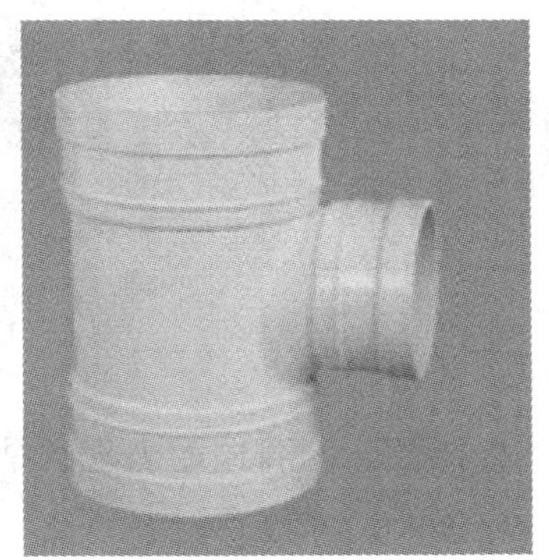

图 4—1—20　三通

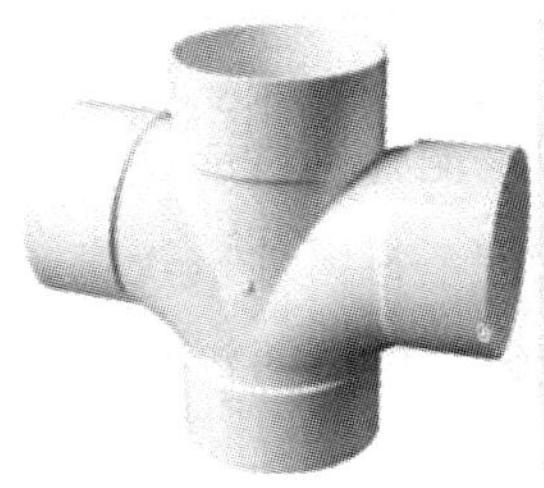

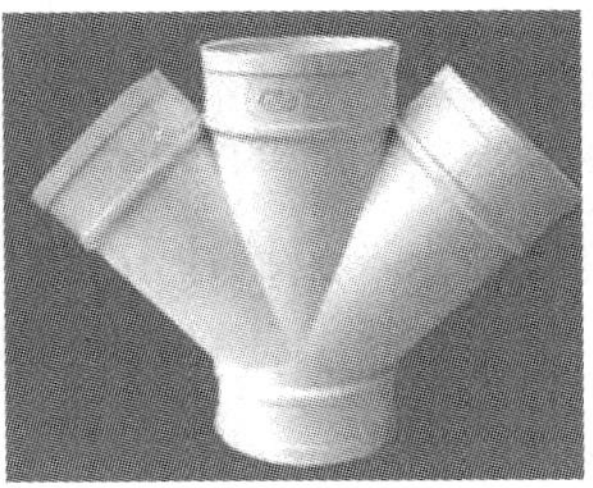

图 4—1—21　四通

3. 钢筋混凝土管

钢筋混凝土管为室内排出管和室外排水管道常用材料，也用于埋地敷设的室内雨水管道上，管径为 100～2 000 mm，管子规格尺寸尚未统一标准，使用时可根据当地产品选用。在满足工程压力要求的情况下，钢筋混凝土管与铸铁管相比具有耐腐蚀，内表面

图 4—1—22　套筒和大小头

图 4—1—23　伸缩节与束接

光滑，不产生铸铁管因腐蚀而出现的结垢等特点。与铸铁管、钢管相比较，钢筋混凝土管可节省钢材 80%～90%。

给水工程中用的钢筋混凝土管分为自应力和预应力两种。这两种混凝土管都是承插接口，管道接口用套管，内填油麻水泥砂浆。

4. 石棉水泥管

石棉水泥管是采用石棉和水泥为原料生产的管道。石棉水泥管具有表面光滑、耐久性好、质轻、可以任意钻孔和切割等优点，但抗冲击能力较差，材料性质较脆，只能用作振动不大，没有机械损伤的生产排水管道，或用以代替铸铁管做生活污水管道通气管用，管道采用铸铁管箍以石棉水泥连接。

5. 陶土管

陶土管有涂釉与不涂釉两种产品。排出有腐蚀的酸、碱性废水时，采用双面涂釉的陶土管。陶土管口径为 50～600 mm，其长度为 0.5～0.8 m。

陶土管性脆，受撞击时容易破碎，宜用在荷载及振动不大的地方埋设。明装处要防止碰击；埋地敷设时，回填土及夯实地坪时要轻。

管道连接采用承插连接，接口材料采用水泥砂浆。当用于排出酸性污水时，其接口

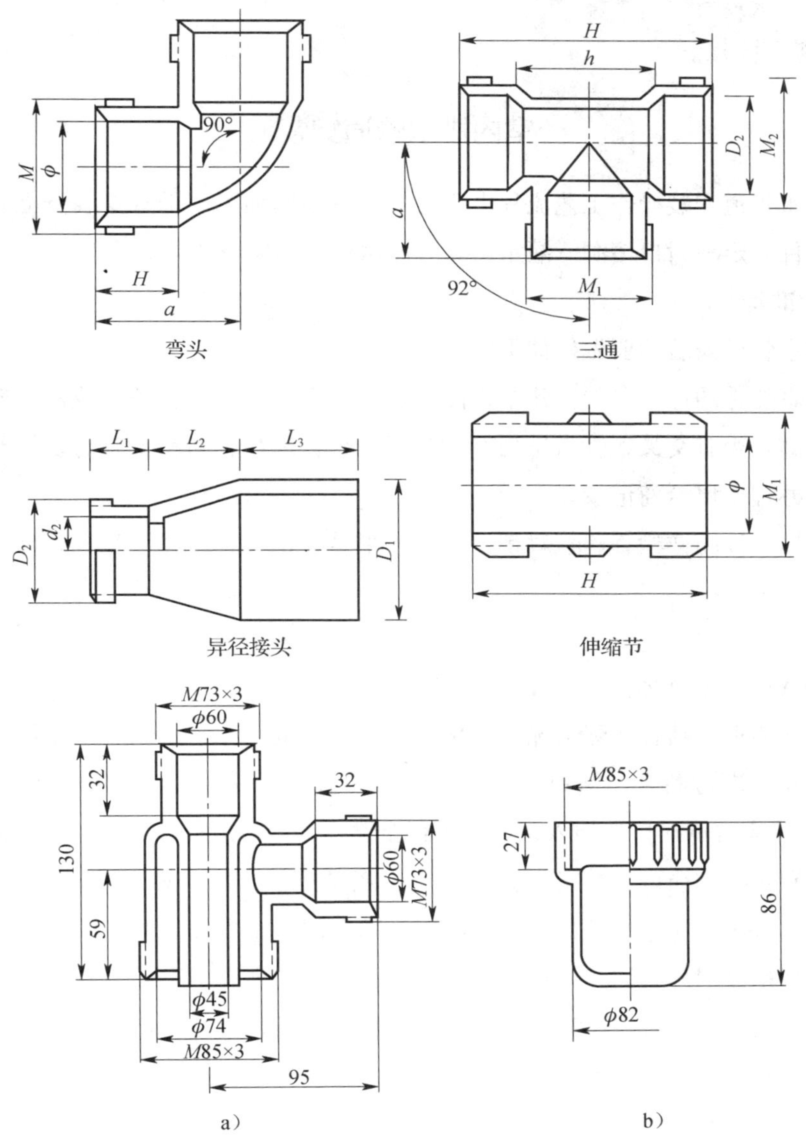

图 4—1—24 硬聚氯乙烯带螺纹连接系列的各种配件

a）存水弯本体 b）水封帽

材料应采用火山灰水泥或矿渣硅酸盐水泥配制的水泥砂浆，配比为 1∶1 或 1∶2。排出酸性污水温度不高时，也可以采用沥青玛瑙脂作为接口材料。

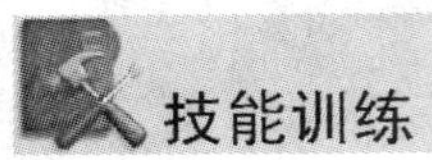

室内排水管道安装

室内排水管道安装操作工艺流程由安装准备→预制加工→干管安装→立管安装→支管安装→卡件固定→封口堵洞→灌水试验→满水排泄试验→通球试验等组成。

1. 安装准备

室内排水管道安装前要做好如下准备：

（1）认真熟悉图样，参看土建结构图、装饰装修图、有关设备专业图，核对各种管道的坐标标高是否有交叉，管道排列所占空间是否合理，有问题及时与设计和有关人员研究解决，办理变更洽商记录。

（2）根据设计图样检查、核对预留孔洞大小是否正确，将管道坐标、标高位置画线定位。

2. 预制加工

（1）UPVC 管预制加工

根据图样要求并结合实际情况，按预留口位置测量尺寸，绘制加工草图。根据草图量好管道尺寸，进行断管。断口要平齐，用铣刀或刮刀除掉断口内外飞刺，外棱铣出15°角。粘接前应对承插口先插入试验，不得全部插入，一般插入承口的 3/4 深度。试插合格后，用棉布将承插口需粘接部分的水分、灰尘擦拭干净。如有油污需用丙酮除掉。用毛刷涂抹粘接剂，先涂抹承口后涂抹插口，随即用力垂直插入，插入粘接时将插口稍作转动，以利粘接剂分布均匀，30 s 至 1 min 即可粘接牢固。牢固后立即将溢出的粘接剂擦拭干净。多口粘接时应注意预留口方向。粘接剂易挥发，使用后应随时封盖，冬季施工进行粘接时，凝固时间为 2～3 min。粘接场所应通风良好，远离明火。

（2）铸铁管道预制加工

铸铁管道应每节做防腐，两端留 100 cm 不做防腐（接口用）。为了减少在安装中捻固定灰口，对部分管材及管件可预先按测绘好的草图捻好灰口，并编号、码放在平坦场地，管段下面用木方子垫平垫实。捻好灰口的预制管段，对灰口要进行养护，保持湿润。冬季要采取防冻措施，一般常温 24～48 h 后方可移动，运到现场安装。

3. 干管安装

（1）UPVC 管道干管安装

采用托吊管安装时应按设计坐标、标高、坡向做好托架或吊架。施工条件具备时，将预制加工的管段，按编号运至安装部位进行安装。各管段粘接时也必须按粘接工艺依次进行。全部粘连后，管道要直，坡度均匀，各预留口位置准确。干管安装完成后应做闭水试验，出口应用充气橡胶堵封闭，达到不渗漏，5 min 内水位不下降为合格。托吊管粘牢后再按流水方向找坡度。最后将预留口封严和堵洞。

地下埋设管道，根据图样要求的坐标、标高，预留槽洞或预埋套管，而后开挖沟槽并夯实，回填时应先用细砂回填至管上皮 100 mm，回填土过筛，夯实时勿碰损管道。

（2）铸铁管道干管安装

1）管道埋设。在开挖管沟或回填到管底标高处铺设管道时，应将预制好的管段按照承口朝向来水方向，由出水口处向室内顺序排列。开挖捻灰口用的工作坑，将预制的管段徐徐放入管沟内，封闭堵严总出水口，做好临时支撑，按施工图样的坐标、标高找好位置和坡度，以及各预留管口的方向和中心线，将管段承插口相连。在管沟内捻灰口前，将管道调直、找正，用麻钎或薄捻凿将承插口缝隙找均匀，把麻打实，防止接口材料掉入管内，再校直、校正，管道两侧用土培好，以防捻灰口时管道移位。将水灰比为 1∶9 的水泥捻口灰拌好后，装在灰盘内放在承插口下部，人跨在管道上，一只手填灰，另一只手用捻凿捣实，先填下部，由下而上，边填边捣实，填满后用手锤打实，再填再打，将灰口打满打实为止。捻好的灰口，用湿麻绳缠好养护或填湿润细土掩盖养护。管道铺设捻好灰口，再将立管及首层卫生洁具的排水预留管口，按室内地平线、坐标位置及轴线找好尺寸，接至规定高度，将预留管口装上临时丝堵。按照施工图对铺设好的管道坐标、标高及预留管口尺寸进行自检，确认准确无误。捻口经过 24 h 后即可从预留管口处灌水做闭水试验，水满后 15 min 再次灌满，观察 5 min 水位不下降且各接口及管道无渗漏为合格。经有关人员进行检查，并填写隐蔽工程验收记录，办理隐蔽工程验收手续。管道系统经隐蔽验收合格后，临时封堵各预留管口，按规定填回填土。

2）托、吊管道安装。安装在管道设备层内的铸铁排水干管可根据设计要求做托、吊或砌砖墩架设。安装托、吊干管要先搭设架子，将托架按设计坡度栽好或栽好吊卡，量准吊杆尺寸，将预制好的管道托、吊牢固，并将立管预留口位置及首层卫生洁具的排水预留管口，按地平线、坐标位置及轴线找好尺寸，接至规定高度，将预留管口装上临时丝堵。托、吊排水干管在吊顶内者，须做闭水试验，按隐蔽工程项目办理隐检手续。

3）管道安装防止倒坡及坡度不当。如设计无要求时，可参照表 4—1—1 进行。

4）排出管与立管的连接宜采用两个 45°弯头或弯曲半径不小于 4 倍管径的 90°弯头，否则管道容易堵塞。为防止渗漏，塑料管与铸铁管插接处用砂纸将塑料管横向打磨粗糙。

表 4—1—1 管道坡度要求

序号	管径（mm）	坡度（‰）	
		标准坡度	最小坡度
1	50	35	25
2	75	25	15
3	100	20	12
4	125	15	10
5	150	10	7
6	200	8	5

4. 立管安装

（1）UPVC 管道立管安装

1）安装前清理场地，根据需要搭设操作平台。将已预制好的立管运到安装部位。安装立管时按设计要求安装伸缩节，无规定时将伸缩节置于三通下方（如三通在楼板上面则置于三通上方），立管穿楼板处固定，安装前首先清理上次已预留的伸缩节，将锁母拧下，取出 U 形胶圈，清理杂物。复查顶板洞口是否合适。立管插入端应先画好插入长度标记，然后涂上肥皂液，套上锁母及 U 形橡胶圈。

2）安装时先将立管上端伸入上层洞口内，垂直用力插至标记为止（一般预留胀缩量为 20～30 mm）。合适后即用自制 U 形钢制抱卡紧固于伸缩节上沿。然后找正找直，并测量顶板距三通口芯是否符合要求。无误后即可堵洞，并将上层预留伸缩节封严。

3）高层建筑排水立管宜暗设在管窿内，沿立管应设几处防堵铁箅子，比如 1 层、6 层、12 层等，防止杂物堵塞。

4）在需要安装防火套管或阻火圈的楼层，应先将防火套管或阻火圈套在管段外，然后进行管道接口连接。

5）管道不宜设在热源附近，当不能避免导致管道表面温度大于 60℃时应采取隔热措施，立管与家用灶具边缘净距不得小于 0.4 m。立管设伸缩节时应符合下列规定：层高小于等于 4 m 时排水立管和通气立管每层设一个伸缩节；层高大于 4 m 时，其数量应根据管道设计伸缩量和伸缩节允许伸缩量计算确定。

6）立管宜每两层设一个检查口，顶层和楼层转弯时应每层设置检查口，安装高度距地面 1 m。

7）管井中 UPVC 管离热水立管净距不小于 100 mm，且热水立管保温。

（2）铸铁管道立管安装

1）根据施工图校对预留孔洞尺寸有无差错，如预制混凝土楼板需剔凿楼板洞，应按位置画好标记，对准标记剔凿。如需断筋，必须征得有关土建施工人员同意，并按规定要求处理。

2）立管检查口按设计要求设置。设计无要求时，一般首层和顶层必须设置，其他层隔层设置。安装高度距地面 1 m。

3）安装立管应两人以上配合，一人在上层楼板上，由管洞内投下一个绳头，下面一人将预制好的立管上半部分拴牢，上拉下托将立管下部插口插入下层管承口内。立管插入承口后，下层的人把甩口及立管检查口方向找正，检查口方向应易于操作。上层的人用木楔将管在楼板孔洞处临时卡牢，打麻、吊直、捻灰。复查立管垂直度，将立管临时固定牢固。

4）立管安装完毕后，配合土建用不低于楼板强度等级的混凝土将洞灌满填实，并拆除临时支架。如在高层建筑或管道井内，应按设计要求用型钢做固定支架。高层建筑考虑管道膨胀补偿，可采用法兰柔性管件，但在承插口处要留出膨胀补偿余量。

5）高层建筑采用辅助透气管时，可采用辅助透气异型管件连接。透气管高度，从屋顶面层算起至透气帽下端，上人屋面为 2 000 mm，非上人屋面为 700 mm，大于本地区积雪厚度。塑料管做室外透气管易老化断裂，影响牢固性和使用寿命。透气管缩径易造成通风不畅。

（3）室内雨水管道安装

1）内排水雨水管管材必须考虑承压能力，按设计要求选择。

2）悬吊式雨水管道的敷设坡度不得小于 0.005。埋地雨水管道最小坡度见表 4—1—2。

表 4—1—2　　埋地雨水管道最小坡度

管径（mm）	最小坡度（‰）	管径（mm）	最小坡度（‰）
50	20	125	6
75	15	150	5
100	8	200～400	4

悬吊式雨水管道长度超过 15 m 的应安装检查口，其间距规定如下：当管径小于等于 150 mm 时，检查口间距为不大于 15 m。当管径为 200 mm 时，检查口间距不大于 20 m。

3）选用铸铁雨水管道安装，其安装方法同上述室内铸铁排水管道安装。选用聚氯乙烯管安装，其安装方法同上述室内 UPVC 管安装，并注意因每层穿楼板处为固定支撑，必须每层装伸缩节。

4）雨水管道安装后，应做灌水试验，高度必须到每根立管最上部的雨水漏斗。

5）雨水漏斗管的连接管应固定在屋面承重结构上，雨水漏斗边缘与屋面相接处应严密不漏。

5. 支管安装

（1）UPVC 管道支管安装

1）剔除吊卡孔洞或复查预埋件是否合适。清理场地，按需要支搭操作平台。将预制好的支管按编号运至场地。清除各粘接部位的污物及水分。将支管水平吊起，涂抹粘接剂，用力推入预留管口。根据管段长度调整好坡度。合适后固定卡架，封闭各预留管口和堵洞。

2）安装器具连接管时先核查建筑物地面和墙面做法、厚度，找出预留口坐标、标高。然后按准确尺寸修整预留洞口。分部位实测尺寸做记录，并预制加工、编号。安装粘接时，必须将预留管口清理干净，再进行粘接。粘牢后找正、找直，封闭管口和堵洞。

3）明设排水横支管管径大于等于 110 mm，接入管井处应采取防止火灾贯穿的措施。直线管段大于 2 m 时应设伸缩节，但最大净距不得大于 4 m。

4）横支管上伸缩节安装于三通汇流处上游端。

（2）铸铁管道支管安装

1）支管安装应先搭好架子，并将托架按坡度栽好，或栽好吊卡，量准吊杆尺寸，将预制好的管道托到架子上，再将支管插入立管预留口的承口内，将支管预留口尺寸找准，并固定好支管，然后打麻、捻灰口。

2）支管设在吊顶内，末端有清扫口者，应将管接至上层地面，便于清掏。

3）支管安装完成后，将卫生洁具或设备的预留管安装到位，找准尺寸并配合土建将楼板孔洞堵严，预留管口装上临时丝堵。

6. 灌水试验

（1）埋地管道、管井内立管、吊顶内横支管及有防结露要求的管道在隐蔽前需进行灌水试验。

（2）灌水高度不应低于底层卫生器具的上边缘或底层地面高度，灌水 15 min 后，再灌满观察 5 min，液面不下降，管道及接口无渗漏为合格。

（3）卫生间支管灌水试验，如果每层需要做闭水试验，气囊的安放有两种方法：一种是边安装边施作，安装完成一层排水横支管，从三通甩口处放下气囊；另一种是最后统一施作，该层有检查口的，将气囊安设在检查口上方；该层无检查口的，将气囊接出一根 5 m 长的气管（可用氧气带子），将气囊从上层检查口慢慢往下放，估计气囊位于三通下方即可。

（4）试压前通知有关人员，合格后验收签字，办理工序交接手续。然后把水泄净，再进行下道隐蔽工序工作。

7. 满水排泄试验

卫生器具交工前应100%做满水排泄试验。将卫生器具放满水，达到溢水口处，检查溢水口是否畅通，拔出塞堵，检查排水点的通畅情况、管路及各连接件有无堵塞及渗漏现象。合格后填写“灌（满）水试验记录”，报请项目监理部验收。

8. 通球试验

（1）项目划分及试验内容

一般按规范和设计要求分部位、分系统进行。排水水平干管、主立管应进行100%通球试验，并做记录。通球试验应在室内排水及卫生器具等全部安装完毕，通水检查合格后进行。管道试球直径应不小于排水管道管径的2/3，应采用体轻、不易击碎的空心球体进行，通球率必须达到100%。

（2）主要试验方法

1）排水立管应自立管顶部将试球投入，在立管底部引出管的出口进行检查，通水将试球从出口冲出。

2）横干管及引出管应将试球在检查管管段的始端投入，通水冲至引出管末端排出。室外检查井（结合井）处需加临地网罩，以便将试球截住取出。

（3）通球试验以试球通畅无阻为合格。若试球不通的，要及时清理管道的堵塞物并重新试验，直到合格为止。

思考与练习

1. 室内排水的任务是什么？
2. 按所排污水的性质，室内排水系统一般分为哪些类型？
3. 简述室内排水系统的组成。
4. 简述室内排水管道安装操作工艺流程。
5. 简述室内排水管道安装前要做好的准备工作。
6. 如何安装室内排水管道铸铁立管？
7. 如何安装室内排水管道UPVC干管？

第2节　室内排水管道的设置及维修

室内排水管道的设置应力求管线短，转弯少，使污水以最佳水力条件排至室外管网；管道的布置不得影响、妨碍房屋的使用和室内各种设备功能的正常发挥，还要便于安装和维护管理，满足经济和美观的要求。

一、室内排水管道的设置及要求

1. 器具排水管

器具排水管的设置和存水弯的选用，取决于污水收集器的类型、平面布置和安装高度等。器具排水管用弯头或三通与排水横管或立管连接。当用三通连接时，应采用90°斜三通，如图4—2—1a所示，尽量少用T形三通，如图4—2—1b所示。除卫生器具本身有水封之外，器具排水管上应装设存水弯。虹吸喷射式低卫生器具都规定了水管最小管径，因此器具排水管的管径不必计算。

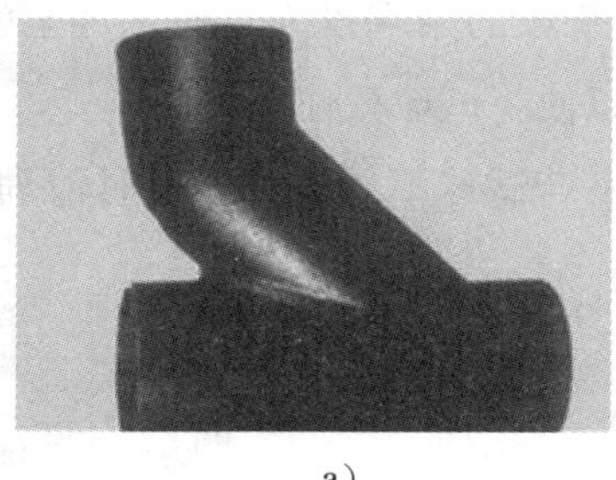

a）

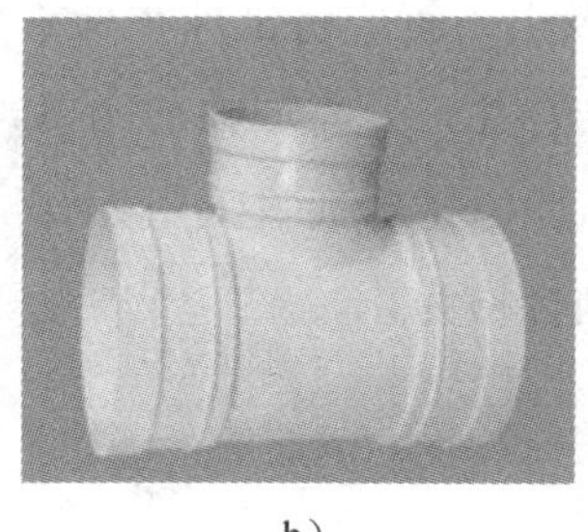

b）

图4—2—1　三通

a）斜三通　b）T形三通

2. 排水横管

排水横管的设置应根据污水收集器的位置和管道设置要求而定。一般排水横管的设置位置，在底层可埋设在地下或敷设在地沟内，也可沿墙敷设在地面上；在楼层间可沿墙装在地板上或悬吊在楼板下明装，如图4—2—2所示。当建筑物对美观、卫生有较高要求或有其他特殊要求时，可做吊顶，将排水横管隐蔽在吊顶内，但必须考虑安装和检修的方便。对于楼层较高、卫生器具间距较小的建筑应多设排水横管，少用立管较为经济。

排水横管不得设置在遇水引起燃烧、爆炸或损坏原料、产品和设备的上方；不得设置在有特殊生产工艺或有特殊卫生要求的生产厂房内及食品和贵重物品仓库、通风小室和变电间内；不得设置在食堂、饮食业的烹调操作台的上方；不得设置在卧室内。

设置排水横管时，还要注意不得穿过沉降缝、风道和烟道。应避免穿越伸缩缝，当受条件限制时，应采取相应的技术措施，如装设伸缩接头等。排水横管应有一定的坡度，坡向排水立管，考虑到美观要求，架空设置的排水横管应尽量避免通过大厅和控制室等。

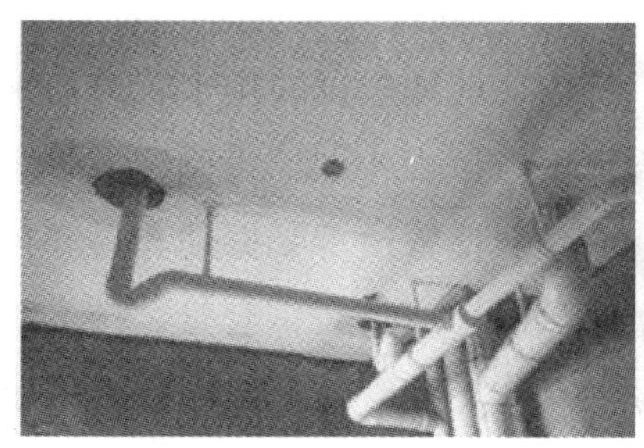
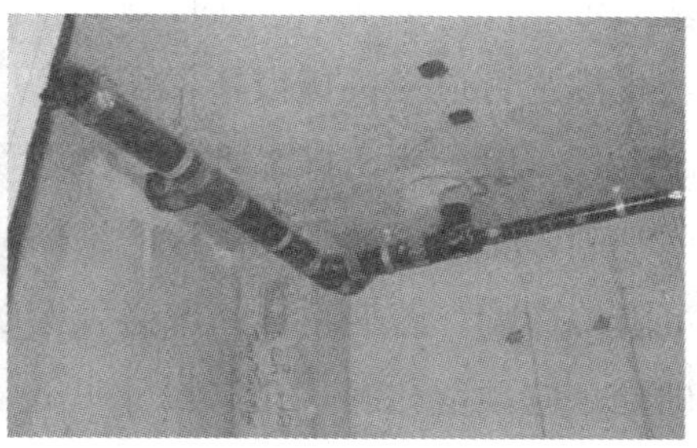

图 4—2—2　排水横管悬吊在楼板下明装

3. 排水立管

排水立管应布置在污水水质最脏、杂质量多、污物浓度最大、排水量最大的排水点处，如厕所间排水立管应靠近大便器，如图 4—2—3 所示。生活污水立管设置应避免靠近与卧室相邻的内墙。排水立管一般在墙角、柱边或沿墙明装敷设，如图 4—2—4 所示。当有特殊要求时，可在管槽或管井内暗装敷设。暗装时必须有足够的空间，以便安装和检修。在检查口处应设检修门。

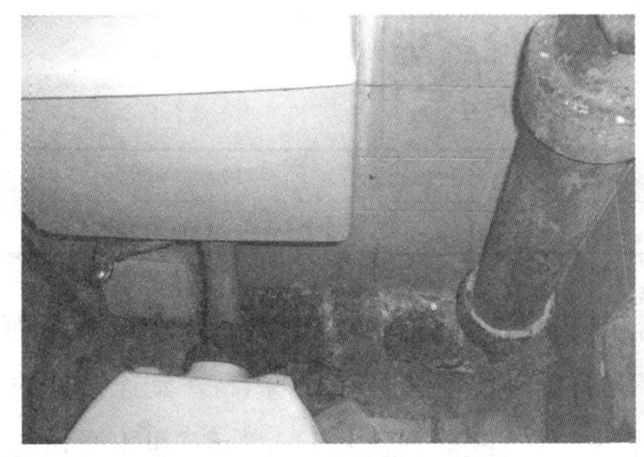

图 4—2—3　厕所间排水立管应靠近大便器

图 4—2—4　排水立管设置在墙角

排水立管应避免穿过卧室、办公室、病房和其他对卫生和噪声控制有较高要求的房间，以避免主管水流冲刷声通过墙体传入室内。

排水立管应避免偏置，如必须偏置时宜用乙字管或两个 45°弯头连接。为了便于安装和检修，排水立管与墙面应留有一定的操作距离。

4. 排出管

排出管的设置视立管的位置情况和室外排水管网的分布情况而定，可以连接一根立管单独排出，也可以连接几根立管后排出。排出管一般埋地敷设。有地下室的建筑，排出管可悬吊在地下室的天棚下。排出管应以最短的距离排至室外管网，这样可以减少排出管被堵塞的可能性，也便于清通检修。

为了防止排水管道受机械损坏，在生产厂房内，埋地敷设的排水管道与地面应有一定的保护距离，一般厂房内排水管的最小埋设深度，按表 4—2—1 确定。管道不得穿越生产设备的基础，否则不但影响管道的维修，而且会使管道承受振动和局部荷载所产生的不均匀沉降等影响。若遇特殊情况必须穿越基础时，应加装钢套管。排水管道穿过承重墙或基础处，应预留孔洞，孔洞尺寸见表 4—2—2，且管顶上部净空不得小于建筑物的沉降量，一般不宜小于 0.15 m。

表 4—2—1　　厂房内排水管的最小埋设深度

管材	地面至管顶的距离（m）	
	素土夯实、缸砖、碎石、砾石、大卵石、木砖地面	水泥、混凝土、沥青混凝土、菱苦土地面
铸铁管	0.7	0.4
混凝土管	0.7	0.5
带釉陶土管	1.0	0.6
硬聚氯乙烯管	1.0	0.6

表 4—2—2　　排出管穿过基础预留孔洞尺寸

管径（mm）	≤80	≥100
预留孔洞尺寸（宽×高）（mm）	300×300	（管径+200）×（管径+300）

排出管过长，由于坡降大，会使室外管网埋设过深，因此排出管出外墙后距检查井的距离，不宜小于 3 m。排出管的管顶标高不得低于室外排水管管顶标高，其连接处的水流方向回转角不得小于 90°，以保证水流通畅。如有跌落差且大于 0.3 m，可不受角度限制。排出管从排水立管或清扫口至室外检查井中心的最大长度，应按表 4—2—3 确定，如果大于表中所列数值，应在排出管上设检查口或清扫口。

表 4—2—3　　排出管的最大长度

排出管管径（mm）	50	75	100	>100
排出管最大长度（m）	10	12	15	20

接有大便器的污水管道系统如无专用通气立管或主通气立管时，在排出管或排水横干管管底以下 0.7 m 的立管管段内，不得连接排水支管。在拆毁有大便器的污水管道系统中，距立管中心线 3 m 范围内的排出管或排水横干管上，不得连接排水管道。因此，十层及十层以上的建筑物，底层生活污水管宜单独排出。

排出管应有一定的坡度，一般情况下采用标准坡度，管道最大坡度不得大于 15%，以免管道落差过大。

5. 通气管

在生活污水管道或散发有害气体的生产污水管道上均应设置伸顶通气管。伸顶通气管可以帮助室内管道通气，当排水立管内呈负压时，由通气管补气增压，而立管内出现正压时，由通气管透气减压，以保证水封不被破坏。伸顶通气管还能使室外管道透气，将室外管网内的有害气体排放到大气中去，以防伤害养护人员或发生火灾。但在寒冷地区，应在室内平顶处或吊顶以下 0.3 m 处将管径放大一级。

在同一排水横交管上连接 4 个及 4 个以上卫生器具，并与立管的距离大于 12 m，或连接 6 个及 6 个以上大便器时，应设环行通气管。对卫生、噪声控制要求较高的建筑物，生活污水管宜设器具通气管。在只有一个卫生器具或几个器具共用一个存水弯的排水系统，可以不设伸顶通气管。

通气管高出屋面不得小于 0.3 m，且必须大于最大积雪厚度。在通气管出口 4 m 以内有门窗时，则通气管应高出窗顶 0.6 m 以上或引向无门窗一侧。在经常有人停留的平屋顶上，通气管必须高出屋面 2 m 以上，并应根据防雷要求考虑防雷装置。通气管出口不宜设在建筑物挑出部分（如屋檐口、阳台和雨篷）的下面；通气管不得与建筑物的风道或烟道连接。

通气管的顶端应装设伞形通风帽，南方地区也可装设铅丝球网罩，以防杂物落入。

器具通气管应设在存水弯出口端，环形通气管应在横支管上最始端的两个器具间接出，并应在排水支管中心线以上与排水支管呈垂直或 45°连接。器具通气管和环形通气管应在卫生器具上边缘大于 0.15 m 处，按不小于 0.01 的上升坡度与通气立管相连接。

通气立管的上端可在最高层卫生器具上边缘或检查口以上与污水立管通气部分以斜三通连接，下端在最低污水横支管以下与污水立管以三通连接。专用通气立管每隔 2 层、主通气管应每隔 8～10 层设结合通气管与污水立管连接。结合通气管下端宜在污水横支管以下不小于 0.15 m 处与通气管以斜三通连接。如受位置和空间限制时，也可直接与通气管以斜三通连接。结合通气管不宜小于通气立管管径。通气立管不得接纳器具污水、废水和雨水等。

6. 清通设备

（1）检查口

检查口安装高度由地面至检查口中心一般为 1 m，允许偏差±20 mm，并应高于该层卫生器具上边缘 0.15 m。安装检查口时其朝向应便于检修，一般要求检查口开口方向与墙面呈 45°夹角，如图 4—2—5 所示。暗装立管检查口处，应设检修门。

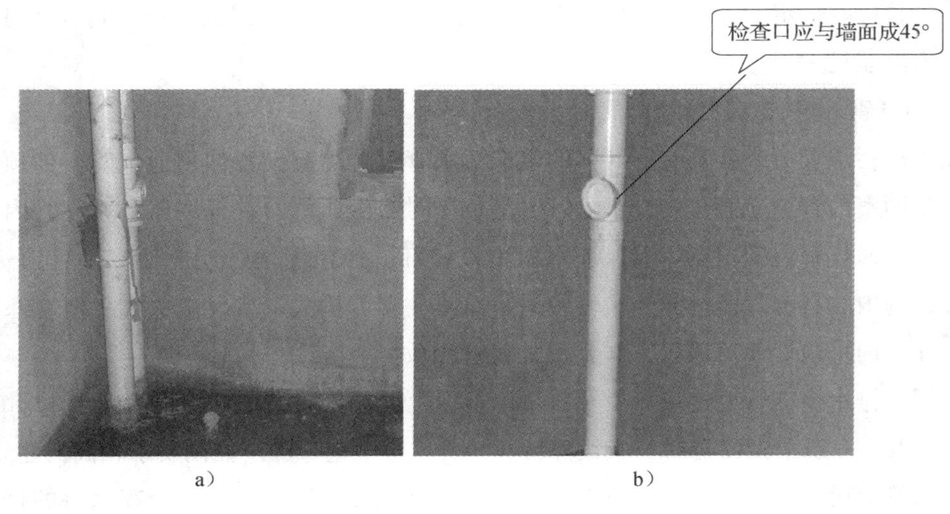

图 4—2—5　检查口安装

a）正确　b）错误

（2）清扫口

清扫口是连接在污水横管上做清堵或检查用的装置，如图 4—2—6 所示。一般将清扫口安装在地面上，并使清扫口与地面相平。当污水管在楼板下悬吊敷设时，也可在污水管起点的管端设置堵头代替清扫口，堵头与管道相垂直的墙面距离不得小于 400 mm。

二、高层建筑排水管道的布置与敷设

高层建筑排水管道的布置与敷设与多层建筑基本相同，高层建筑排水系统一般不分区设置，立管自底层至最高层贯穿敷设。管道材料强度要高，一般采用铸铁排水管。系统的设置可采用普通排水系统或新型排水系统。采用普通排水系统时，可以几根排水立管组成联合系统，通过伸顶通气总管排出屋面，或通过一根总排出管引出室外。在尚未建造全市性污水处理厂的城市，室内排水应采用分流三管制。

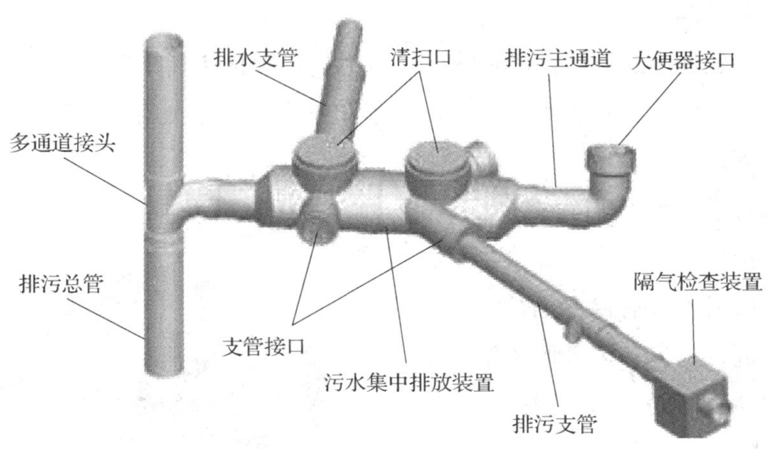

图 4—2—6 同层排水系统上的清扫口

排水管道接头材料应采用弹性较好的材料。为适应抗震要求，高层建筑排水立管可采用抗震柔性机械型接口式铸铁排水管及管件，这种接口的法兰中间垫以耐油橡胶垫片。

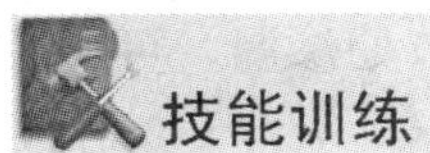

排水管道故障维修

排水管道系统常见的故障是漏水或管道堵塞。因此，排水管道系统的日常检修工作就在于排除漏水点，疏通堵塞管段。

1. 排水管道漏水的检修

室内排水管道渗漏，多发生在横管或存水弯上的砂眼、裂缝等处。室内排水管道漏水时，管道附近的墙面或楼板面潮湿，严重时则滴水，如图 4—2—7 所示。

a）

b）

图 4—2—7 排水管道渗漏

a）墙面或楼板面潮湿 b）排水管道滴水

（1）排水管道漏水的原因

引起排水管道漏水的原因一般是管道接口不严，管材或管件有砂眼，管道基础不牢和所埋深度过浅，因而引起排水管道下沉或被重物压坏，造成排水管道裂纹（见图 4—2—8）或折断等。

（2）排水管道漏水的排除方法

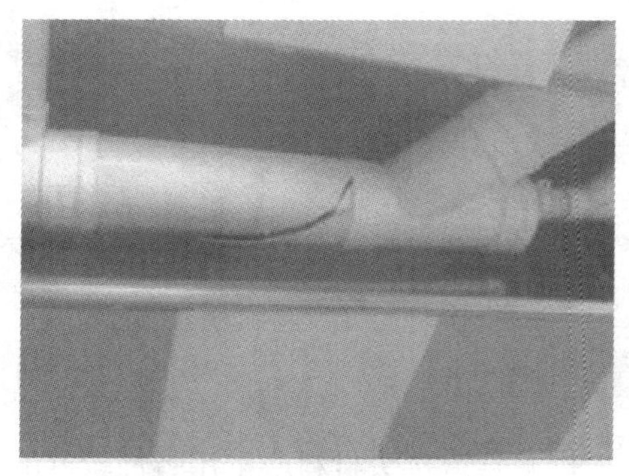

图 4—2—8 排水管道裂纹

属于承插接口不严的应修补或剔掉重新打封口；属于管段或管件有渗漏的，可用丝堵补漏或打管卡子进行检修；因砂眼渗漏可采用打铅模、木模的办法堵漏；属于埋深过浅者将埋深增加，可拆除原管降低标高，否则可限制受力，减少荷载或加固地表面层，将有裂纹或折断的管段或管件换掉，并加套管接头与原有管道连接。裂纹较轻的管可用打管卡子的方法检修。对于较小的裂缝，可采用哈夫夹的办法堵墙漏。对于塑料管节处渗漏，可用胶封，对管身开裂不大的，可采用垫塑料焊接补漏。

2. 管道堵塞的检修

（1）引起管道堵塞的原因

1）施工质量有问题，管道敷设坡度太小或有倒坡现象，使管内水流速度过慢，水中杂质在管内沉积下来，引起管道堵塞。

2）使用者不注意，将破布、硬块、棉纱类等杂物掉入管内，引起管道堵塞。

3）排水口地面附近泥沙冲入管内，沉积下来，越积越多，堵塞管道。

室内排水管道被堵时，地漏和卫生器具下部可能冒水，或者从最低器具往外返水，如果堵塞部位在楼上，就会出现楼板漏水现象。检修时，可根据具体情况判断堵塞位置，以决定排除的方法。

（2）常采用的检修方法

1）管道敷设坡度有问题时，应按有关要求，对管道进行整坡。

2）单个卫生器具不下水，则堵塞物可能在卫生器具存水弯里。一般可用搋子抽吸几次，直到堵塞物排出；严重时使用管道疏通机疏通，如图 4—2—9 所示。

3）在一个支管排水系统中，若有的卫生器具排水畅通，有的不通，则堵塞物是在排水横管中部的排水畅通和不通两个器具中间的管段内。若整个支管的所有卫生器具都不通，而立管通水正常，则说明堵塞点在支管与立管交接处附近的支管上。发生这种故障，若在支管的起点端部装有地漏时，则可将地漏打开，在地漏口用竹劈或管道疏通机进行疏通，如图 4—2—10 所示。若无地漏，则可打开排水支管末端的清扫口进行疏通。当这些疏通方法均无效时，说明堵塞物比较大，卡得很严，这时可在堵塞物附近管段的上部或旁边用尖錾凿洞疏通。疏通后用木塞塞住洞口，或用打卡子的方法将洞口封堵。

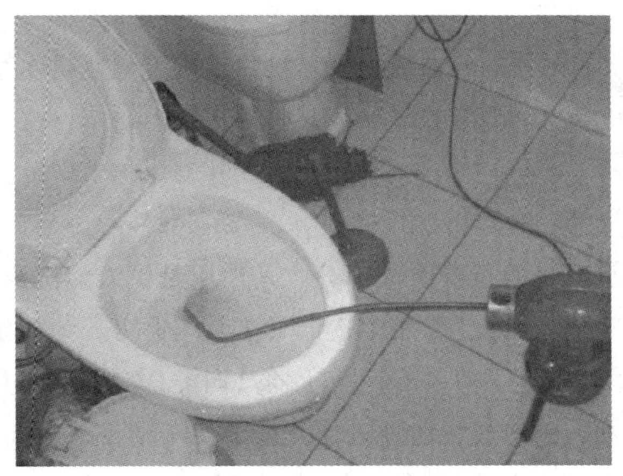

图 4—2—9　使用管道疏通机疏通马桶

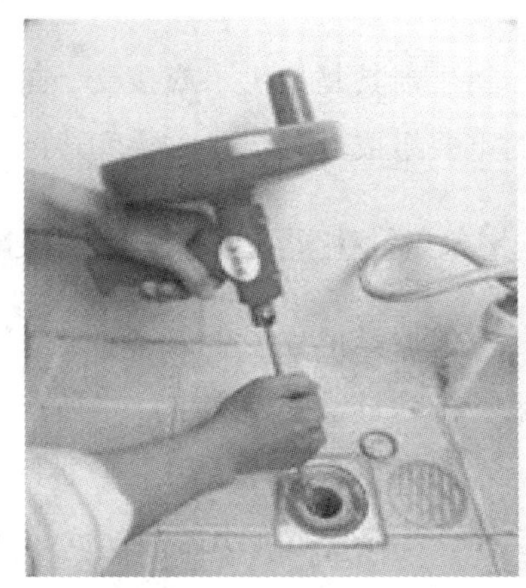

图 4—2—10　在地漏口用管道疏通机进行管道疏通

4）当同一排水立管承接的卫生器具中下部的卫生器具排水正常，而中间层用户虽没有用水，却有污水由排水口溢出，说明立管堵塞。当判断堵塞物在检查口附近时，可打开检查口进行疏通；当堵塞物在顶层检查口以上时，可在楼顶上的通气孔处进行疏通。

思考与练习

1. 简述室内排水管道的设置要求。
2. 室内排水管道的布置应注意哪些问题?
3. 室内排水管道系统的日常检修工作有哪些?
4. 简述排水管道漏水的排除方法。
5. 简述引起室内排水管道堵塞的原因。

第3节 卫生器具及维修

卫生器具是指供水或接受、排出污水或污物的容器或装置，是建筑内部给水排水系统的重要组成部分，是收集和排除生活及生产中产生的污水、废水的设备。

一、卫生器具的作用和分类

卫生器具也称卫生设备，是室内排水系统的重要组成部分，其作用是供人们洗涤、收集和排除日常生活和生产中所产生的污（废）水。常用卫生器具按其用途可分为便溺用卫生器具、盥洗沐浴用卫生器具、洗涤用卫生器具和专用卫生器具四类。对卫生器具的总体要求是坚固耐用、不透水、耐腐蚀、耐冷热，内外表面光滑、便于清洗。目前，市场上卫生器具的制作材料一般是陶瓷、钢板搪瓷、铸铁搪瓷、不锈钢和塑料等不透水、无气孔的材料。

卫生器具除大便器和地漏外，均应在污水排出口处设置排水栓，以防止较粗大的污物流入管道引起堵塞，影响正常使用。

1. 便溺用卫生器具

便溺用卫生器具如图 4—3—1 所示，主要有大便器、大便槽、小便器、小便槽等，其主要作用是收集排除粪便污水。这些卫生器具的特点是都装有冲洗设备，可及时用水清洗，保持器具清洁卫生。

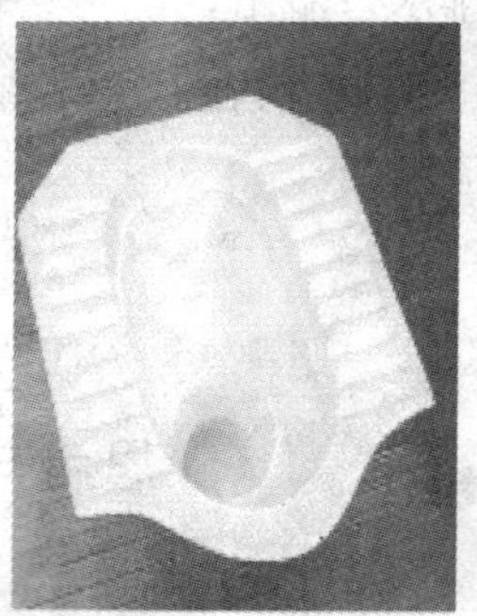

a）

b）

图 4—3—1 便溺用卫生器具

a）蹲式大便器 b）坐式大便器

（1）大便器

1）蹲式大便器。如图 4—3—1a 所示，蹲式大便器用于防止接触传染的医院厕所内，采用高位水箱或带有破坏真空的延时自闭式冲洗阀进行冲洗。接管时需配存水弯，如盘形冲洗式蹲式大便器。

2）坐式大便器。如图 4—3—1b 所示，采用低位水箱冲洗，其构造本身带有存水弯。按冲洗原理分为冲洗式和虹吸式两种。虹吸式又分为喷射虹吸式坐便器和漩涡虹吸式坐便器。

（2）大便槽

大便槽采用集中冲洗水箱或红外数控冲洗装置冲洗。槽底坡度不小于 0.015，大便槽末端应设高出槽底 15 mm 的挡水坝，在排水口处应设水封装置，水封高度不应小于 50 mm。

（3）小便器及小便槽

1）小便器。可以采用手动启闭截止阀或自闭式冲洗阀冲洗，成组布置的小便器采用红外感应自动冲洗装置、光电控制或自动控制的冲洗装置进行冲洗。

2）小便槽。可采用手动启闭截止阀控制的多孔冲洗管进行冲洗，也可采用自动冲洗水箱。

2. 盥洗沐浴用卫生器具

盥洗沐浴用卫生器具是供人们洗漱、化妆的洗浴用卫生器具，如洗脸盆、洗手盆、盥洗槽、浴盆等。

（1）洗脸盆

洗脸盆又称洗面器，如图 4—3—2 所示。一般用于洗脸、洗手和洗头，设置在卫生间、盥洗室、浴室及理发室内。洗脸盆的高度及深度应适宜，让人盥洗时不用弯腰，而且不溅水。洗脸盆有长方形、椭圆形、马蹄形和三角形等，安装方式有挂式、立柱式和台式等。

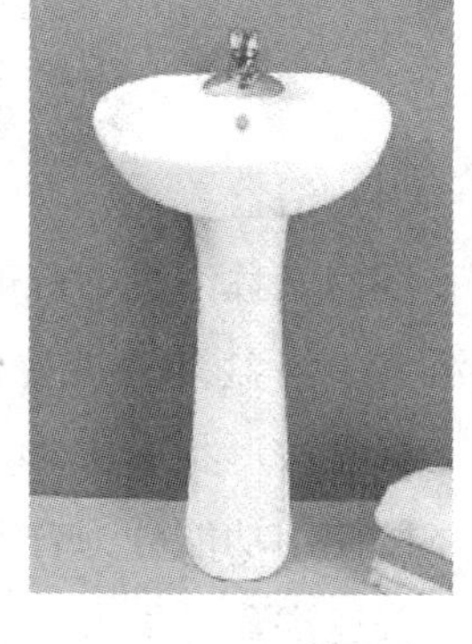

图 4—3—2 洗脸盆

（2）洗手盆

洗手盆又称洗手器，如图 4—3—3 所示。设置在供水设备标准较高的公共卫生间，是供人们洗手用的卫生器具。形式和材质与洗脸盆相同，但比洗脸盆小而浅，且排水口不带塞封，水流随用随排。

图 4—3—3 洗手盆

（3）盥洗槽

盥洗槽是设在集体宿舍、车站候车室、工厂生活间等公共卫生间内，可供多人同时洗手、洗脸的卫生器具，盥洗槽多为长方形布置，有单面、双面两种，一般用钢筋混凝土现场浇筑，水磨石或瓷砖贴面，如图 4—3—4 所示。也有不锈钢、搪瓷、玻璃钢等制品。

图 4—3—4　瓷砖贴面盥洗槽

（4）浴盆

浴盆又称浴缸，一般设在有高楼供水设备的住宅、宾馆、医院住院部等卫生间或公共浴室。浴盆多为搪瓷制品，也有陶瓷、玻璃钢、人造大理石、有机玻璃、塑料等制品。浴盆按形状有方形、圆形、三角形和人体形，按有无裙边分为无裙边和有裙边两类，按使用功能分为普通浴盆、坐浴盆和按摩浴盆三种。

普通浴盆是供人们坐或躺在里面清洗全身用的卫生器具。坐浴盆的尺寸小于普通浴盆，沐浴者只能坐在其中洗澡。按摩浴盆又称沸腾浴盆，如图 4—3—5 所示，是一种尺寸大于普通浴盆，兼有沐浴和水力按摩双重功能的浴盆。水力按摩具有加强血液循环、松弛肌肉、促进新陈代谢、迅速消除疲劳的作用。按摩浴盆有单人用、双人用和多人用三类。水力按摩系统由盆壁上的喷头、装在浴盆下面的循环水泵和过滤器等组成。循环水泵从盆内抽水经过滤器后，从喷头喷出水气混合水流，不断接触人体，对沐浴者身体进行按摩和冲洗。

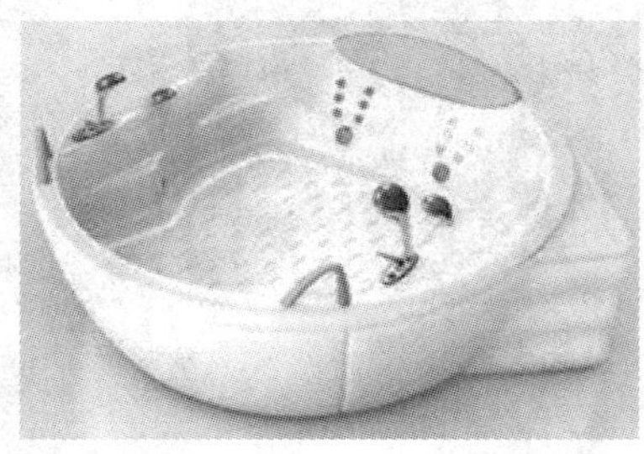
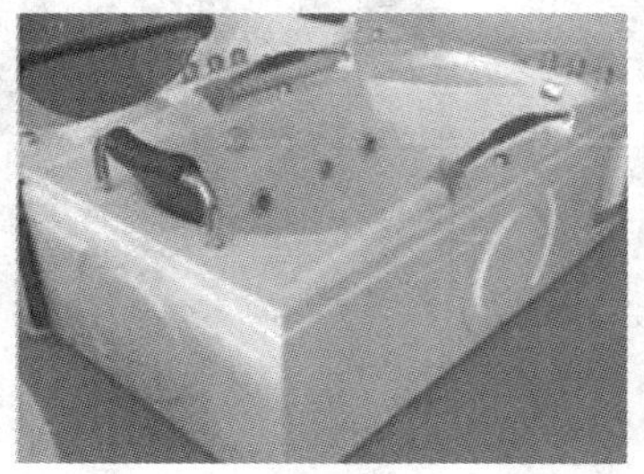

图 4—3—5　按摩浴盆

3. 洗涤用卫生器具

洗涤用卫生器具如洗涤盆和污水盆等。

（1）洗涤盆

洗涤盆设置在住宅及公共食堂厨房内，供洗涤食物和碗碟用。由陶瓷和水磨石制成，规格不一，常用 610 mm×410 mm 和 610 mm×460 mm 两种。

（2）污水盆

污水盆一般装设在公共建筑的厕所和盥洗室内，供打扫卫生、洗涤拖布、倾倒污水用，如图 4—3—6 所示。

图 4—3—6　污水盆

4. 专用卫生器具

医疗用的倒便盆、婴儿浴盆、妇女净身盆、水疗设备及饮水器等均为专用卫生器具。

二、常用卫生器具的构造

1. 便溺用卫生设备

（1）大便器

大便器是排除粪便的卫生器具，包括便器本体、冲洗设备和水封装置等。

1）坐式大便器。坐式大便器一般装设在住宅、宾馆等建筑物的卫生间内。

坐式大便器是一个内部带有存水弯，呈漏斗形状的承接粪便污物的容器。其冲洗设备多用低水箱，按冲洗的水力原理分为冲洗式和虹吸式两种。

冲洗式坐式大便器的构造如图 4—3—7 所示。这种大便器的下端为存水弯，上口是空心，空心下面均匀分布着许多小孔。冲洗时水流入空心内，再经小孔沿大便器内表面冲下，使便器内水位上升而超过存水弯边缘时，水带着粪便冲过存水弯，流入排水管道。这种大便器在使用时粪便直接落入存水弯内，臭气较少，但每次冲洗不能保证粪便和脏物全部冲洗干净，在粪便下落时水易溅起，使人感到不舒适。

虹吸式坐式大便器的构造如图 4—3—8 所示，存水弯的构造是一个较高的虹吸管状，其下部有一段向下的弯管。冲洗时，当便器内水位上升到虹吸管顶边缘并充满虹吸管时，在短时间内形成强大的虹吸作用，将粪便抽送到排水管道中去。这种坐便器的优点是能将大便器内所存的粪便和脏物冲洗干净，且每次冲洗完都能向存水管内注入清水以保持器内卫生。缺点是虹吸管易堵塞，同时由于冲洗时虹吸管内的水全部被吸走，故用水量较大，冲洗时噪声大，使用时水易被溅起。

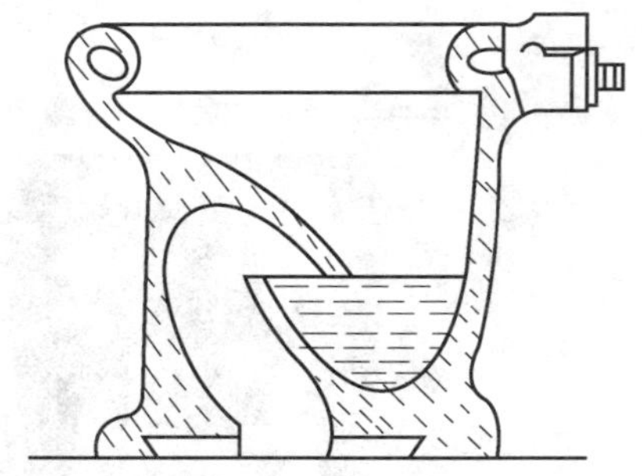

图 4—3—7　冲洗式坐式大便器

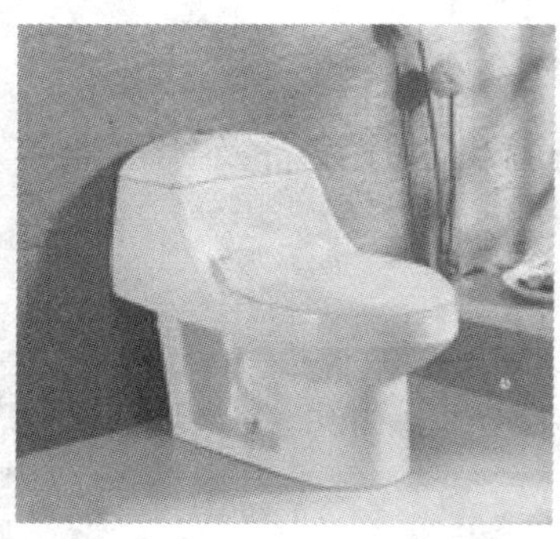

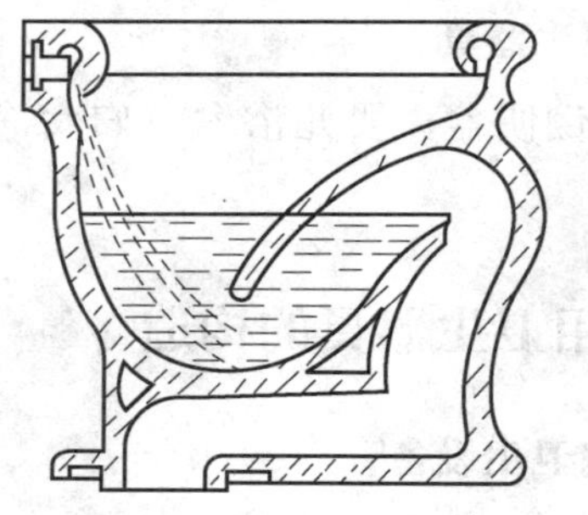

图 4—3—8　虹吸式坐式大便器

2）蹲式大便器。由于使用时皮肤不直接接触大便器，因此卫生条件较好，一般装设在集体宿舍、机关等公共建筑卫生间内。

蹲式大便器本身不带存水管，安装时在底层宜设置 S 形存水管，在楼层设置时，宜采用 P 形存水管。如图 4—3—9 和图 4—3—10 所示。

与蹲式大便器配套的冲洗水箱，根据安装位置不同，有高水箱和低水箱之分，如图 4—3—11 所示。

（2）小便器

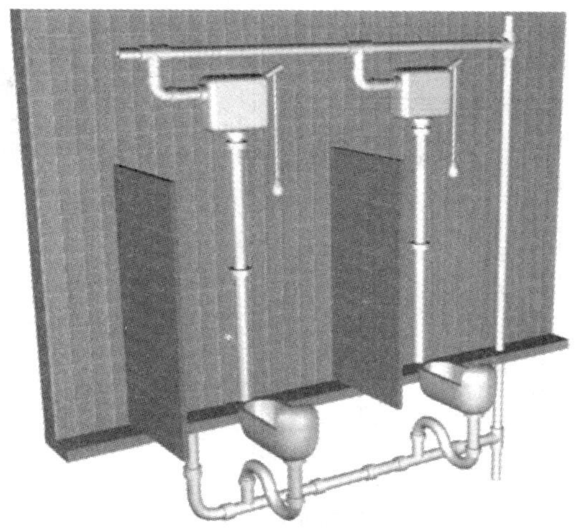

图 4—3—9　蹲式大便器

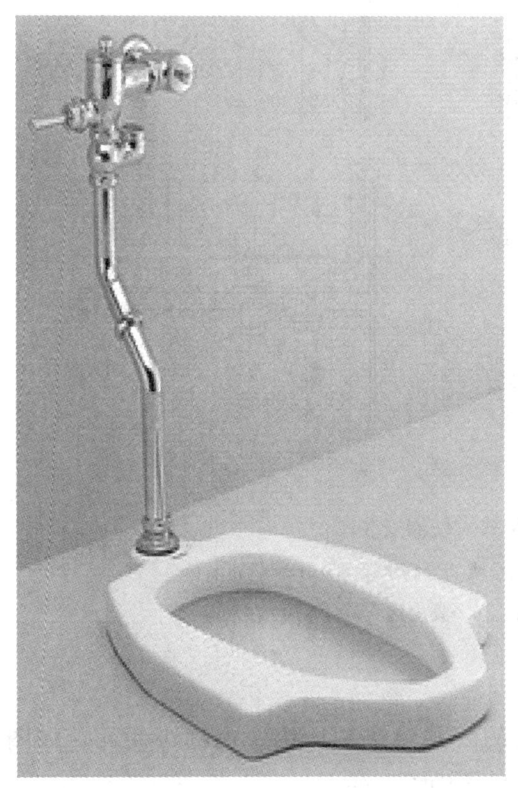

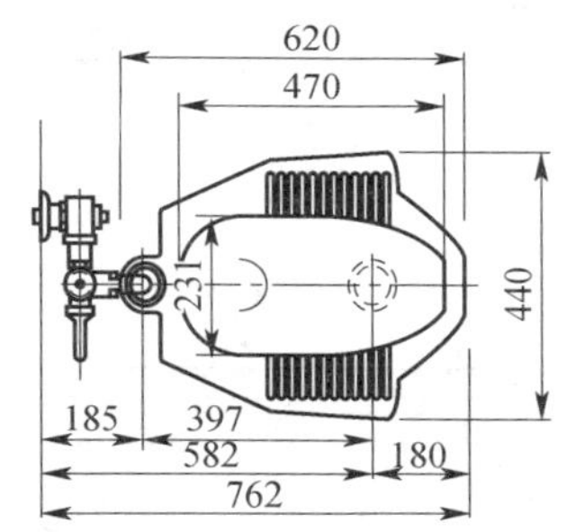

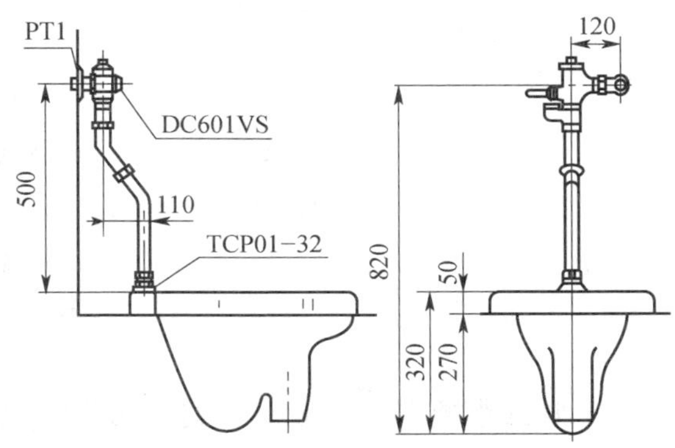

图 4—3—10　蹲式大便器安装图

小便器是设置在公共建筑的男厕所内，供小便用的卫生器具，可单独设置，但更多的是几个连在一起，几个人能同时使用。常用的有挂式小便器、立式小便器和小便槽

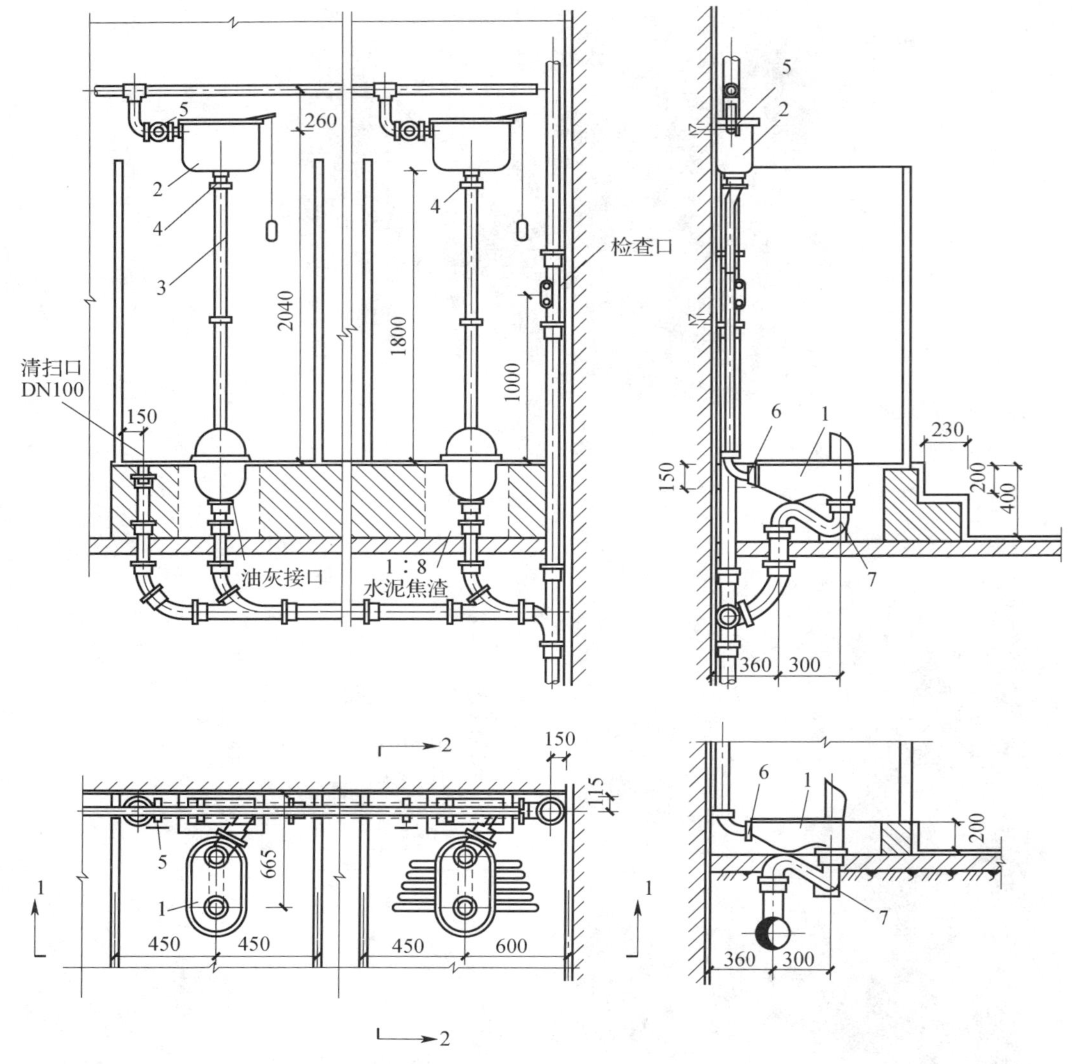

图 4—3—11　高水箱蹲式大便器安装图

1—1 号、28 号或 29 号蹲式大便器　2—1 号或 2 号高水箱　3—DN32 冲水管

4—DN32 冲洗管配件　5—DN 15 截止阀　6—胶皮碗　7—DN100 存水弯

三种。

1）挂式小便器。一般建在建筑标准较高的公共建筑厕所内，也称小便斗，如图 4—3—12 所示。挂式小便器用白色陶瓷制成，按人们需要的高度挂在墙上，内部构造有虹吸喷射式和冲洗式，同坐式大便器的冲洗原理相似。

2）立式小便器。一般装设在剧场、宾馆、展览馆等卫生设备标准较高的公共建筑男厕所内，如图 4—3—13 所示。立式小便器靠墙竖立在地面上。每个小便器上面有冲

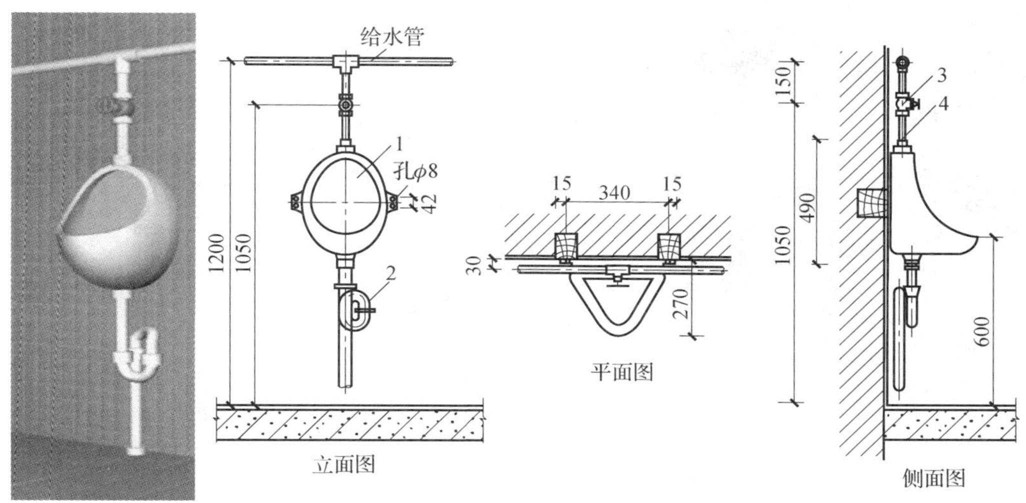

图 4—3—12　挂式小便器

1—挂式小便器　2—DN32 存水弯　3—DN15 截止阀　4—冲洗管

洗水进口，进水口下设有扇形布水口，使冲洗水可沿内壁均匀下流。

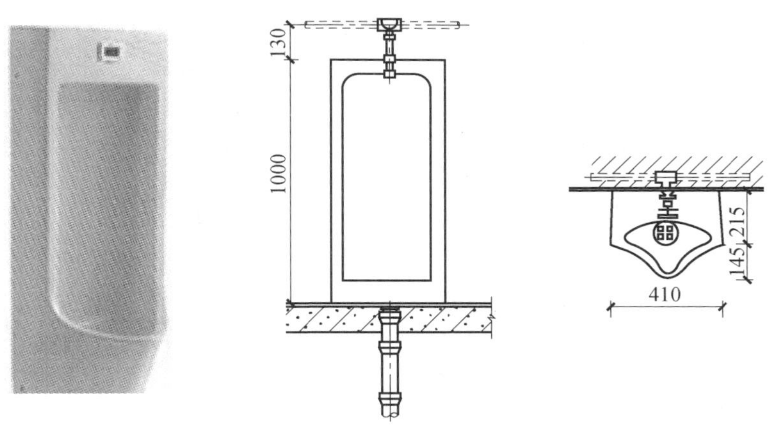

图 4—3—13　立式小便器

2. 盥洗淋浴用卫生器具

(1) 洗脸盆

洗脸盆是设置在盥洗间、浴室和卫生间内供人们洗脸、洗手用的卫生器具，一般为陶瓷制品，按其安装方式不同分为墙架式（见图 4—3—14）和立柱式（见图 4—3—15）两种。其外形有长方形、半圆形、椭圆形和三角形等。按有无后背又分有后背和无后背两类。

(2) 浴盆

浴盆一般是用钢板搪瓷、铸铁搪瓷和玻璃钢等材料制成的，其外形多呈长方形，设

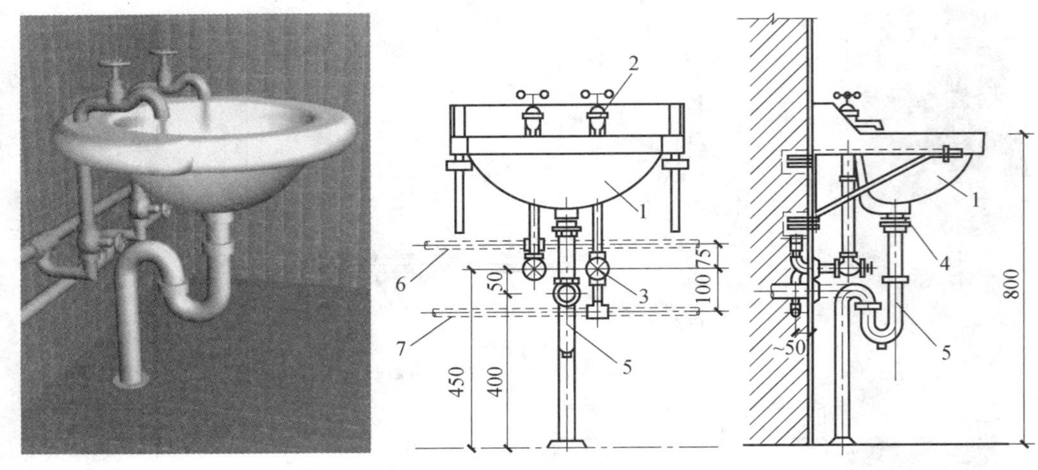

图 4—3—14　墙架式洗脸盆

1—洗脸盆　2—DN15 龙头　3—DN15 角型截止阀　4—DN32 排水栓

5—DN32 存水弯　6—热水管　7—冷水管

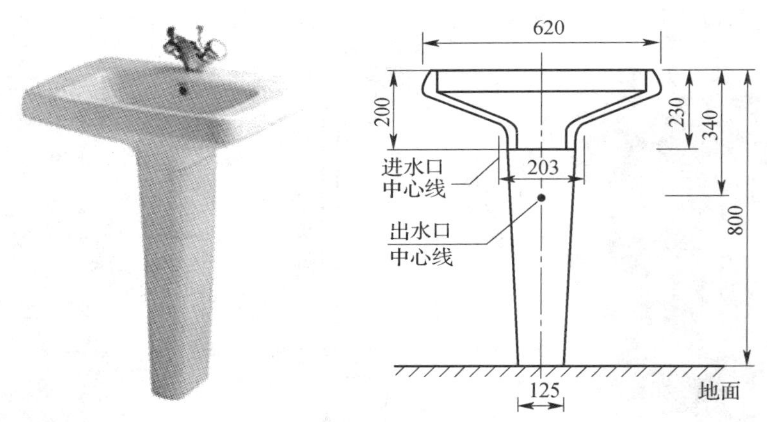

图 4—3—15　立柱式洗脸盆

置于浴室供人们沐浴用。浴盆的一端配有冷、热水龙头或混合龙头，浴盆的排水口及溢水口均设置在水龙头的一端，盆底有 0.02 的坡度坡向排水口，有的浴盆还配置固定式或活动式淋浴喷头，如图 4—3—16 所示。压力按摩浴盆的安装与普通浴盆的安装类似，如图 4—3—17 所示。

（3）地漏

地漏设置在厕所、浴室、盥洗室、厨房及其他需要从地面上排除污水的房间内。地漏装设在地面的最低处，其箅子顶面应比地面低 5～10 mm，地面应有不小于 0.01 的坡度坡向地漏。

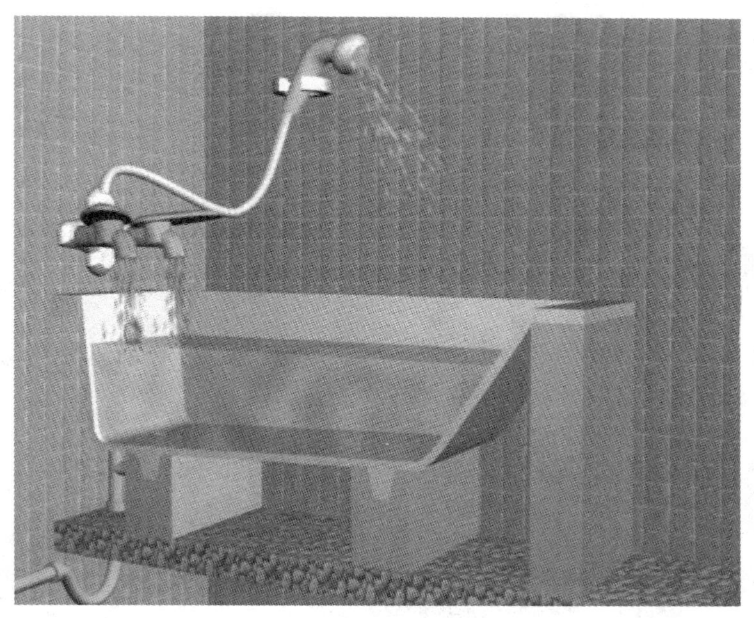

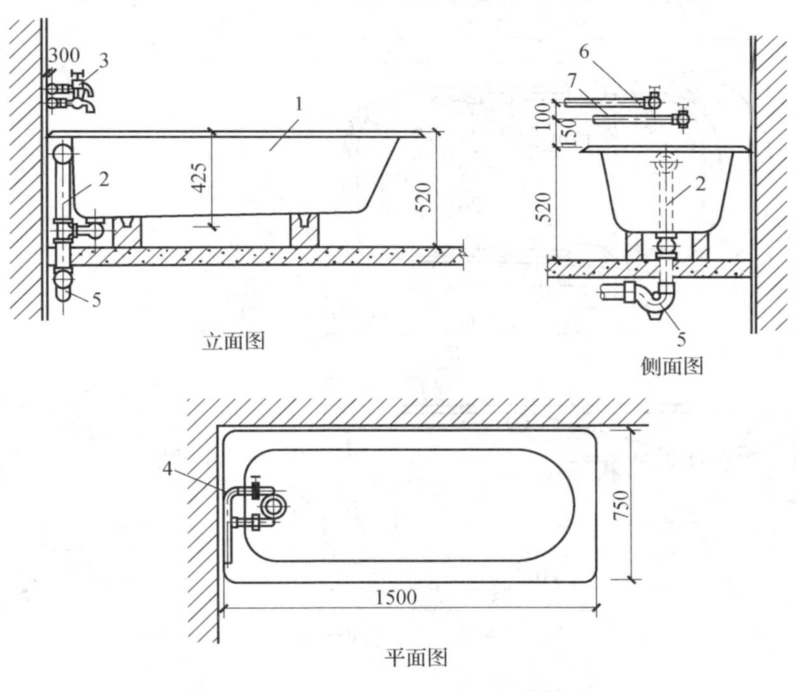

图 4—3—16　冷热水龙头浴盆

1—浴盆　2—溢水管　3—龙头　4—弯头

5—存水弯　6—热水管　7—冷水管

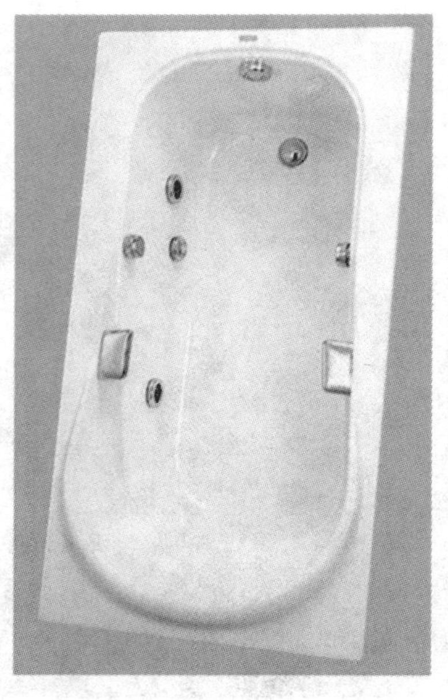

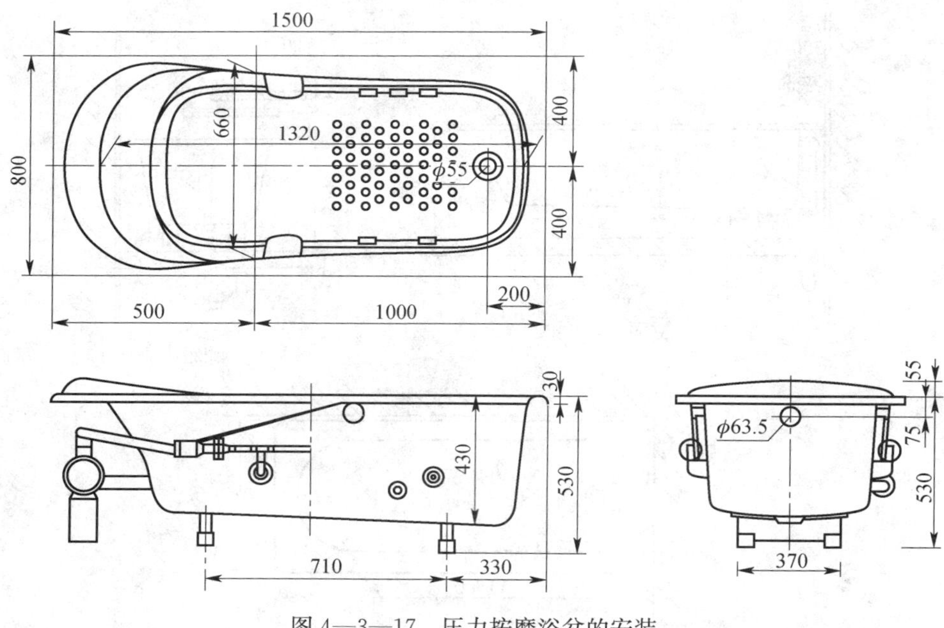

图 4—3—17　压力按摩浴盆的安装

三、冲洗设备

冲洗设备用于冲洗大便、小便器具，能将器具中的污物冲走，保持器具清洁，消除厕所臭气，所以冲洗设备必须具有足够的水量和水压，在耗水量少的情况下，保证便器冲洗干净，同时，也是为了使便器不与给水管道直接相连，以防给水管道受到回流污染。常用的冲洗设备有冲洗水箱。

冲洗水箱按冲洗水力原理分为冲洗式和虹吸式，按启动方式分为手动和自动，按安装位置分为高水箱和低水箱两种。虹吸式冲洗水箱冲洗能力强，构造简单，可以自动控制，因此应用广泛。

1. 手动冲洗水箱

图 4—3—18 所示为手动冲洗水箱构造。低水箱坐式大便器中的低水箱就属于手动冲洗水箱，水箱外壳由陶瓷制成，内装浮球阀、橡胶球阀、溢流管、扳手及导向管装置等。使用时把低水箱正面左上角的水箱扳手由右向左扳动，由于扳手同杠杆相连，所以橡胶球阀沿导杆被提起；水箱内原来储存的水立即通过水箱底部的出水口进入冲洗管，当水箱内水快流完时，橡胶球阀就沿着导向杆下落到阀座上，这样，冲洗管的进水口被切断，停止冲洗。这种水箱常因扳动扳手时用力过猛而使橡胶球阀与水箱出水口错位，造成关闭不严而引起水箱漏水。

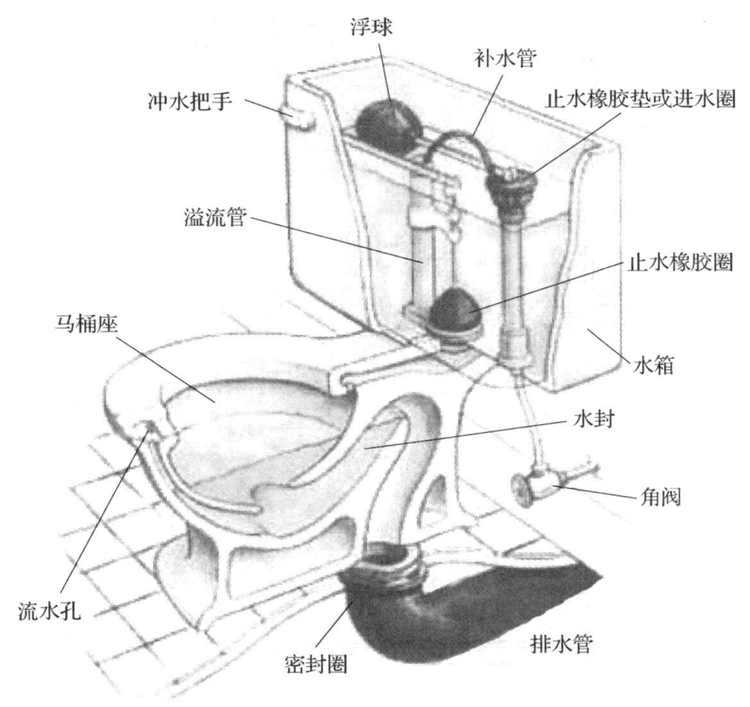

图 4—3—18　手动冲洗水箱构造

图 4—3—19 所示为手拉虹吸冲洗水箱构造，由水箱、浮球阀、弹簧阀、虹吸管和冲洗管等组成，用于大便槽和小便槽的冲洗。其作用原理是：使用时拉动拉链，将弹簧阀提起，虹吸管内的水由出水口流出并迅速下流至冲洗管产生吸力，使虹吸管中的空气

被吸走，造成真空，产生虹吸；当松开拉链，使弹簧阀复原，而水箱内的水仍按图中箭头方向经虹吸管流入冲洗管。当水位下降至小孔以下时，浮球阀的出水口由于口径很小，还来不及把水箱里的水充满，这时有一部分空气通过小孔及虹吸管口进入虹吸管内，使得虹吸作用被破坏，造成水源切断，停止冲洗。这种水箱常因弹簧阀的弹簧锈蚀，使阀门关闭不严，引起水箱漏水。

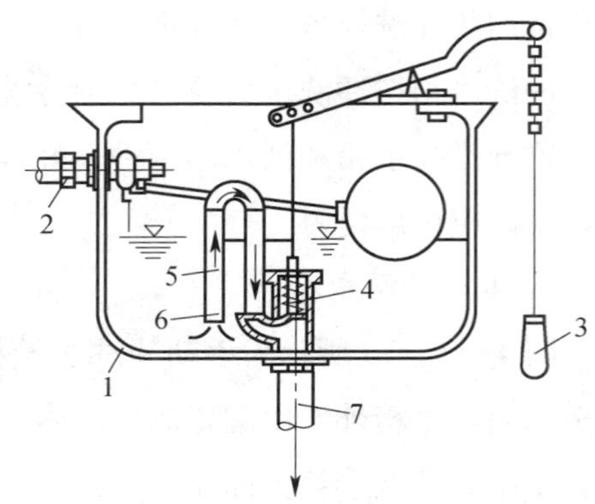

图 4—3—19　手拉虹吸冲洗水箱构造

1—水箱　2—浮球阀　3—拉链　4—弹簧阀　5—虹吸管　6—ϕ5 小孔　7—冲洗管

2. 自动冲洗水箱

图 4—3—20 所示为皮膜式自动冲洗水箱构造，由水箱、进水调节阀和带皮膜的虹吸管等组

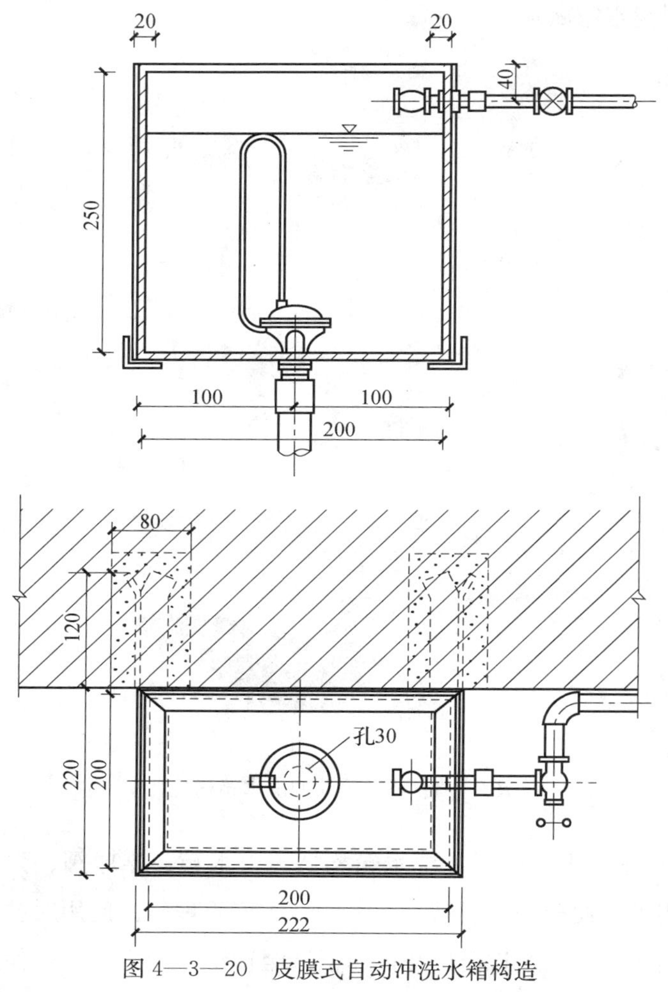

图 4—3—20　皮膜式自动冲洗水箱构造

成。这种水箱能自动定时冲洗大便槽和小便槽，无须人为启动。当水箱中水位上升时，水通过胆上小孔慢慢流入虹吸管。当水位上升到虹吸管顶时，胆内产生虹吸，皮膜上压力降低，于是水就顶开皮膜，在皮膜下面沿着冲洗管流下冲洗器具，直至水箱中水近于放完时，皮膜被吸回原来的位置，紧闭冲洗管上口，由于水源切断，冲洗管停止冲洗，水箱内重新充水，就这样循环不停地自动工作。

水箱的冲洗间隔视厕所使用情况而定，通常 5～15 min 不等。可用调节阀来控制进水的流量，当无人使用厕所时，水箱的进水可以关闭。

常用卫生器具的维修

1. 大便器常见故障及维修

（1）大便器堵塞

大便器堵塞后，粪便及污水流不走或渗得慢；楼层间的卫生间，常常有楼板滴水或渗水的现象。

如果所有便器产生堵塞，应将排水管的清扫口打开，用竹劈或钢丝绳进行疏通。如个别便器堵塞，可按下述方法处理。

若大便器刚刚堵塞，堵塞物尚未被冲出存水弯，可用软钢丝绳之类的工具将堵塞物掏出来；当大便器堵塞时间较长，可用搋子抽搋大便器的出水口，将堵塞物抽出来或搋松，再用水冲。

（2）大便器存水弯损坏

大便器使用不当，如用木棍之类的硬物朝出水口中乱捅，造成存水弯损坏，大便器不下水，大便器附近地面产生潮湿和臭味，严重时，楼板严重滴水和渗水。

维修时，用錾子轻轻剔开大便器周围的地面，拆开大便器橡胶接头（皮碗）取出大便器，清除存水弯的碎片。在操作过程中，应注意勿使异物落入排水管中。安装新存水弯时，需把排水管承口清理干净，抹适量麻刀白灰，把存水弯安装在排水管承口上。存水弯经找正垫稳后，再在存水弯的承口上填充适量的腻子，即可安装大便器。

（3）橡胶接头（皮碗）漏水

蹲式大便器与地面冲洗管相接的地方漏水或楼板有滴水、渗水现象时，常是橡胶接头漏水，原因是橡胶接头蚀烂或捆扎橡胶接头的铜线被蚀断。

维修时，应在冲洗管下部用錾子剔开地面的水泥层，把所填的泥沙清理出来，使橡胶接头清楚地显露出来。如属铜线蚀断，只需用铜线重新将橡胶接头捆扎好即可；如属橡胶接头蚀烂，需换橡胶接头。

换橡胶接头时，把旧橡胶接头拆下来后，先把要换上去的新橡胶接头翻过来，插进冲洗管。用铜线捆扎好后，将橡胶接头的另一端插进大便器进水口，再把橡胶接头翻过去，使橡胶接头恰好套紧于大便器进水口外缘，并用铜线捆扎在大便器上。

橡胶接头装好后，用砂土埋好，砂土上面抹一层水泥砂浆。禁止用水泥砂浆把橡胶接头处全部填死，这样会给以后的维修工作造成极大的困难。

（4）大便器出口与存水弯接口不严

当楼板有滴水、渗水现象，而检查橡胶接头又没有损坏时，多属于这种故障。产生原因是在安装大便器时，存水弯灰口中填塞的麻刀灰量少，或灰量不均，大便器使用一段时间后，在冲洗水的作用下，使灰口的密封性遭到破坏。

维修时将手从大便器出口伸入，用麻刀白灰糊抹大便器与存水弯的连接缝，待灰层干燥后（大约 48 h）大便器就可以使用。进行上述操作时，最好戴橡胶手套，涂抹的灰面要光滑，以免在使用中挂住脏物。

（5）便器损伤

便器损伤是因便器使用不当，如用力蹬踏或与硬物相碰撞造成。对损伤轻者，可用水泥砂浆抹面处理；对损伤重者和要求美观的场合下，需更换便器。

1）蹲式便器。蹲式便器需换新便器时，将旧便器轻轻打碎，并于冲洗管处拆开橡胶接头。将要换的便器放入原坑中比试，看便器周围边缘是否与地面相平（便器出水的一端可以略低一点，以利粪便下流）。若不合适，应搬出便器修整，直到修整合适为止。清除存水弯承口处的异物，抹适量麻刀灰（或油腻子）再将便器安装在存水弯上，并将挤出来的灰用手抹平。按前面介绍过的方法，把橡胶接头接好即可。进行上述操作时，均需注意不应使异物落入排水管中。

2）坐式便器。坐式便器更换时，需拆开或锯开便器后部的锁口，拆掉便器下面的螺栓，用錾子轻轻錾开便器周围的灰缝，将旧便器移开。把下水管承口清理干净后，抹适量麻刀灰（或油腻子），把新便器安装在排水管承口上，再用螺栓固定，装好锁口。装锁口时，先将锁母套在冲洗管上，把锁口拔销的一面塞进便器入水口，然后用锁母锁紧。锁口拔销的地方和锁母处都应加橡胶垫。

2. 洗脸盆常见故障及维修

（1）洗脸盆排水栓漏水

漏水的原因是根母拧得不紧，脸盆托架不稳或脸盆使用时晃动。维修时，常需将排水栓拆下来重新安装，并需将脸盆和托架固定稳妥。

拆卸使用很久的排水栓是比较困难的。为了不损伤脸盆，需要将脸盆取下来，此时应锯断排水栓。

装新排水栓时，宜使用塑料排水栓，在上部的橡胶垫，宜使用三角形的成型橡胶垫，不使用腻子也能保证接口很严密；在没有成型橡胶垫时需用麻丝或腻子缠于排水栓的上部，作为密封材料。脸盆下部的胶垫可用橡胶板剪制。橡胶板垫下面需加铁垫圈，以免在拧转根母时橡胶板垫转动，影响密封效果。安装时，还需注意勿使填料封住排水栓侧面的孔眼，并使此孔眼对准从脸盆上面返下来的溢流孔。排水栓装好后，可用橡胶塞堵住，经试水不漏时，即可将脸盆装于托架上，把存水弯上节装入排水栓口上，下节插进排水管，调好存水弯位置以后，在活接处加垫锁紧。在存水弯与排水管接合处，需用麻刀灰糊住，以免从此处落入异物。

（2）洗脸盆水嘴漏水或关不严

盖母漏水及水嘴关不严或关不住的原因和修理方法见第二章第二节的相关内容；锁母漏水原因见水箱锁母漏水部分。应注意在维修脸盆水嘴时（换水嘴的情况除外）不能使水嘴转动。因为水嘴转动时容易将脸盆碰伤，在使用中使锁母处漏水。

换水嘴时，为了防止水嘴转动损伤脸盆，需用扳手从脸盆上部固定住水嘴，并用特制的弯把扳手在脸盆下面拆卸水嘴锁母和根母。

遇到拆卸不动的情况时，可以先拆开三角阀处的锁母，即可将脸盆连同脸盆存水弯一起从托架上搬下来，在地面上进行拆卸；如不好拆时，可在螺纹上喷刷缓释剂，使缓释剂浸透到螺纹中（需 0.5～1 h）再行拆卸；对确实无法拆下来的水嘴，可将水嘴锯断。

装水嘴时，凡水嘴与脸盆相接触的地方，均需用橡胶垫垫好（脸盆上面一个，下面一个），用弯把扳手把根母和锁母拧紧，以免下面的锁母产生漏水。锁母与小管连接，需用橡胶圈或细石棉绳做填料并填好。

（3）洗脸盆损坏

洗脸盆损坏多因使用不当造成。如在脸盆上放搓板洗衣服，或脸盆上方挂的硬物掉下砸坏脸盆。

脸盆损伤轻者，可用水泥砂浆或环氧树脂黏糊；脸盆损伤重者和要求美观的场合，需更换脸盆。

更换脸盆时，最好用规格相同的脸盆，以免给安装工作造成麻烦。

按上面介绍的方法，先将排水栓装好，也可将水嘴预先装在脸盆上。把脸盆装在托架上后，再进行其他的安装工作。

（4）脸盆不下水或底部冒水

1）脸盆不下水的原因是排水栓处落入了肥皂碎块、棉丝、布条或头发等异物，可用搋子进行疏通。为了增加搋子的搋抽力量，可以将脸盆上面的溢流孔临时用破布堵住，把脸盆搋通后，再将破布除去。搋不通时，可用扳手拆开存水弯下部所设的丝堵，用铁线进行疏通；遇到丝堵拆卸不动或拆开后用铁线疏通仍不见效时，还可拆开存水弯活接头，或拆下存水弯进行维修。

2）脸盆底部冒水即存水弯与排水管接口处冒水。此处冒水故障不在存水弯以上部分，而是在存水弯以下的管道。如果只是排水管（竖向的）被堵塞，只要脸盆放水，水即从底部全部（或部分）冒出。如果排水横管（或排水立管）被堵塞，整个卫生间卫生器具的污水就会从器具底部冒出来。

根据现场分析，如属后一种情况，可按大便器堵塞的维修方法进行维修。如属前一种情况，可按下述方法进行维修。

先用搋子搋脸盆的排水栓处，不见效时，需将脸盆和存水弯从脸盆托架上取下来（取前需拆开三角阀锁母），再用搋子搋排水管。仍不见效时可用胶管接上水源，用强力水流将异物冲入排水平管中，使排水管畅通。

3. 小便器常见故障及维修

（1）小便器不下水或底部冒水

小便器不下水或底部冒水是由于尿碱将存水弯堵塞，或使用不当造成的，如往小便器中倒烟灰等异物。先用搋子进行疏通，如不通时需把存水弯卸下来，将存水弯活接头打开，放在水池中一边冲洗，一边用铁线或小木棒进行疏通。已经不能用的存水弯需进行更换。

装存水弯前，应在小便器出水管外部缠以适量的麻丝和腻子，然后将存水弯承口插在出水口上面；存水弯与排水管接口处，用麻刀灰抹住。小便器底部冒水的处理可参照脸盆底部冒水的处理方法。

（2）存水弯漏水

从表面看是存水弯丝堵处滴水或漏水，但实际上多数情况均是存水弯承口处的接口或活接处漏水，漏水顺着存水弯流至丝堵，由丝堵往下滴水。维修时应从漏水的根源进行查找并维修。如属承口接口处漏水，应在承口处填加填料；如属活接处漏水，应将活接紧固（必要时，应换活接的填料）。

实践表明，只要便器下部的排水不畅通时，存水弯就容易产生漏水现象。所以，在发现存水弯有漏水现象时，应根据具体情况，采取相应的措施进行维修。

（3）三角阀不严或关不住

修理三角阀时，应根据具体情况换垫（或塑料芯）、换阀杆或三角阀等。

4. 水箱的常见故障维修

（1）拉杆的铜丝（或铁丝）及尼龙绳断开

当拉杆铜丝（或铁丝）及尼龙绳断开后，即使水箱中有水，拉拽拉链或扳动扳手，水箱的水也流不下来。维修时，应接好铜丝（或铁丝）及尼龙绳即可恢复使用。

（2）浮球失灵

浮球失灵后，浮球阀始终向水箱中流水，常导致水箱向外溢水或弹簧阀向便器流水，对高位水箱还可能产生自泄。浮球失灵的故障现象、原因及排除方法见表4—3—1。

表4—3—1　　浮球失灵的故障现象、原因及排除方法

故障现象	产生原因	排除方法
浮球杆与浮球阀脱开	销子折断或窜出	将销子整修好
浮球杆折断	浮球杆泡在水中受到严重腐蚀	需换浮球杆
浮球与浮球杆相连接的部位折断	浮球杆弯曲不当，使水箱中零件与拉杆经常相互碰撞	除更换浮球杆外，还需调整浮球杆的弯曲程度
浮球杆和浮球杆座的连接螺纹有滑扣现象	连接时拧得不紧，或螺纹确实滑扣	对前一种情况应拧紧，对后一种情况应更换相应的零件
浮球被浸没在水箱的水中	后配上去的浮球杆座厚或浮球杆弯曲的形状不合适造成浮球杆座与浮球阀在连接处发生干涉	用锉刀进行锉削或用砂轮磨削，使浮球杆座减薄一些 调整浮球杆的弯曲形状

（3）浮球杆高度不合适

当浮球杆定得过低时，会使水箱里的水量不足；如水箱装的是塑料虹吸管时（指高位水箱）会产生水箱不下水的故障。遇到上述情况，应将浮球杆适当调整得高一点。

当浮球杆定得过高时，如果是低位水箱，则有水通过溢流管流入便器或从水箱上面溢水的故障；如果是高位水箱，则有水通过虹吸管流入便器或从水箱上面溢水，甚至产生水箱自泄的故障。遇到上述情况时，应将浮球杆适当调低一些。

（4）浮球阀不严

当浮球阀不严时，虽然浮球已上升到最高点，但浮球阀仍然往水箱中滴水或流水，会出现与浮球杆定得高时相同的弊病。

产生这种故障的原因是浮球阀芯橡胶垫被腐蚀和变薄。维修时，先关闭水表前阀门，然后将浮球阀帽拆下来，取出阀芯，更换阀芯上的橡胶垫。当遇到阀芯上嵌橡胶垫的凹槽已被腐蚀坏时，应更换阀芯。

（5）浮球阀不出水

浮球阀不出水，水箱里就无水。检查水箱时，如浮球处在最高点，用手一触浮球能下落并见水，这是浮球杆座与浮球阀在连接处干涉，可按前面介绍的方法进行维修。如浮球处在最低点，用手将浮球提上来，阀芯能在浮球阀中自由活动，这时浮球阀进水口被堵住，需把水表前阀门关闭，用 200 mm 或 150 mm 的小管钳子把浮球阀帽卸下来，取出阀芯，用细铁丝疏通进水口，再用拇指堵在浮球阀上，试开水表前阀门。如果仍未通开，将水表前阀门关小后继续进行疏通；如果已经通畅，需将表前阀门关住，把阀芯和其他零件都一一装好后，再打开水表前阀门。

当用手触动浮球时，浮球不动或觉得不灵活，是因为阀芯锈在浮球阀内或阀芯在浮球阀中卡涩。维修时需将水表前阀门关闭，将浮球阀帽卸掉，用剪刀清理阀芯，然后拆下销子和浮球杆座，用 2 mm 左右的铁线弯出钩来，一点点地把阀芯从浮球阀中勾出，用砂布擦净阀芯，然后将浮球阀装好即可使用。

（6）换浮球阀

维修浮球阀锁母时，容易将插销子用的浮球阀与浮球杆座连接处的小爪碰折，使浮球阀不能再用。另外当需要换阀芯或浮球杆座等零件时，所备的零件不合适（经整修也不合适）需换浮球阀。换浮球阀时需将旧浮球阀拆下来，如果有锁母和根母时，应先拆开锁母，然后松开根母，将旧浮球阀从水箱内抽出来。如果不好拆，为了保护水箱不受损坏，可以从根母处将浮球阀锯断取出。

换新浮球阀宜用塑料浮球阀，因为使用这种浮球阀不但可以节约费用，结构也比较简单、好用，并且塑料不生锈，维修时拆卸方便。安装时，将浮球阀从水箱内取出来，需要加根母和锁母时，在水箱外面进行。浮球阀与水箱相接触的两侧要加橡胶垫，以免损伤水箱和漏水。

（7）浮球阀锁母漏水

浮球阀锁母漏水的原因是水箱不稳（严重的水箱脱离墙面）撞击浮球阀，锁母用的橡胶垫使用时间过长，失去弹性。如果属于前一种情况，应先将水箱固定好，再修锁母漏水的故障，否则锁母仍会漏水。如属于后一种情况，需将锁母用扳手拧开，除掉旧橡胶垫，换上新橡胶垫，再将锁母拧紧即可；对于用石棉绳做填料的，应除掉旧石棉绳，换上适量的新石棉绳，再将锁母拧紧即可。

（8）弹簧塞阀和橡胶塞阀阀座不严

橡胶塞（指低位水箱）或弹簧塞（指高位水箱）被腐蚀、老化，需更换橡胶塞或弹簧塞。对高位水箱来说，还有弹簧失效或折断的情况，需更换弹簧。

阀座由于在制造或使用过程中出现缺陷（不平或有划痕）因而与橡胶塞（或弹簧塞）接触不良，产生漏水现象。在此情况下需更换阀座。

更换阀座应尽量使用塑料高位水箱虹吸管或低位水箱阀座。当旧阀座拆不下来时，应将阀座锯断。安装阀座时，要按锁母、根母、铁垫圈、橡胶垫圈的顺序将其套进冲洗管，再将阀座加好橡胶垫从水箱内插进冲洗管，用根母把阀座紧固在水箱上以后，旋紧锁母。锁母中如没有成型橡胶圈时，需在阀座与冲洗管连接处缠以细石棉绳。

装塑料阀座时，必须将根母及锁母与阀座的螺纹对正，紧度不可过大，否则将使螺纹产生滑扣现象，以致使整个阀座报废。

（9）水箱不稳

水箱不稳与水箱膨胀螺栓装得浅或膨胀不紧有关，或维修时间相隔过长或交付使用后始终未维修过。水箱发生故障以后，得不到及时维修，用户使用时水箱无水，便反复用力拉，年久失修腐蚀严重的膨胀螺栓螺母因水箱晃动而脱落或将膨胀螺栓拔出墙面。

如果只是水箱内膨胀螺栓腐蚀，需换新的膨胀螺栓，再拧紧即可。如整套膨胀螺栓腐蚀，应在下面托住水箱，将腐蚀的膨胀螺栓取下来，换上新的膨胀螺栓，再把水箱固定好。

应注意，不得用铁线勒紧或不卸下水箱直接用木楔坚固水箱。否则水箱的稳固时间维持不了多久，并在以后的使用中，容易损坏水箱。

（10）水箱损坏

水箱有细微裂纹时，可将水箱里的水暂时放掉，然后用胶布黏住，再在胶布外面涂一层环氧树脂，经 24 h 以后，才可以放水使用。当水箱损坏严重时，就需要更换水箱。在拆除坏水箱时，应在大便器上面用木板等物遮住大便器，以免碎片落入大便器排水口或将大便器砸伤。

思考与练习

1. 常用卫生器具按其用途可分为哪些类型？
2. 便溺用卫生器具主要有哪些类型 ？
3. 盥洗沐浴用卫生器具主要有哪些类型？
4. 简述大便器存水弯损坏的维修方法。
5. 简述脸盆底部存水弯与排水管接口处冒水的维修方法。

第 5 章　室外排水系统管理与维修

近年来，我国大中城市的住宅建设以居住小区的形式发展较快，作为配套设施的小区排水工程的设计，将直接影响工程投资、居民生活和市容环境。

第 1 节　排水管网的布置与管道的疏通

居住小区的排水系统是指居住小区、住宅组团、庭院或街坊等范围较小地区的室外排水工程设施（不包括城镇工业区或大型工厂生产区的排水设施）。居住小区排水工程是介于室内排水工程与城镇市政排水工程之间的工程系统，是建筑室内排水管道与城市排水管道的连接部分。

一、居住小区排水体制与居住小区排水系统的组成

1. 居住小区排水体制

居住小区的排水有合流制和分流制。其排水体制的选择，应根据城镇排水体制、环境保护要求、污水及雨水的出路和建筑内部排水系统等情况进行综合研究确定。对新建居住小区，若城市排水系统为分流制（包括远期规划改造为分流制），小区内或小区附近有合适的雨水排放水体，或小区远离城镇为独立的排水体系，宜采用分流制排水系统。

2. 居住小区排水系统的组成

居住小区的生活污水从室内管道系统流入小区污水排水系统，最后排入城市污水管道。为了控制小区污水管道并使其良好工作，在该系统的终点设置检查井，称为控制井。控制井通常设在房屋建筑界线内便于检查的地点。

图 5—1—1 所示为居住小区污水排水系统示意图。居住小区的排水管道系统由排水管、户前管（接户管）、支管、干管及检查井和跌水井等组成。

（1）排水管

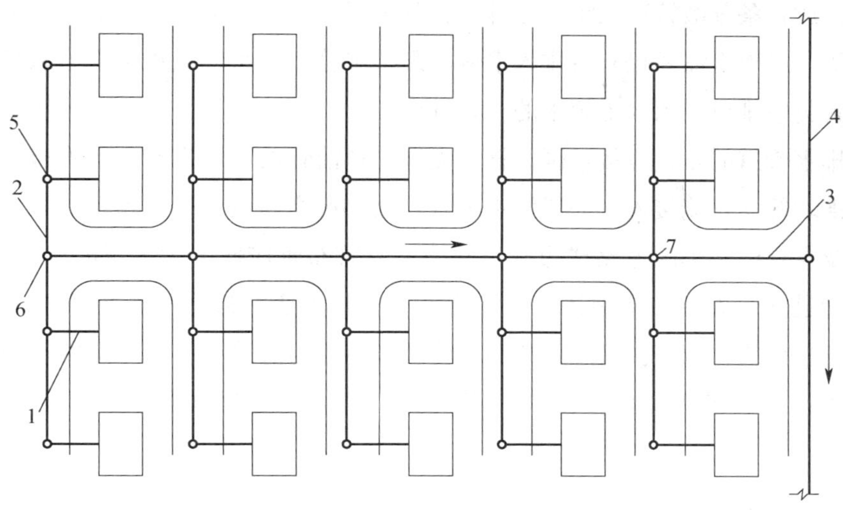

图 5—1—1　居住小区污水排水系统示意图

1—排水管　2—户前管　3—支管　4—干管

5—检查井　6—街道检查井　7—跌水井

排水管是指从室内排水口连接至户前管的管道。在每一排水管与户前管的连接点处应设置检查井。

(2) 户前管

户前管是指布置在建筑物周围，可接纳 1～2 幢建筑物的各污水排出管流出污水的管道，或接纳建筑物周围雨水口连接管的雨水管道。

(3) 支管

支管是指接纳一组建筑群的各建筑物户前管流来的污水管道或雨水管道。

(4) 干管

干管是指小区内接纳各住宅组团内支管流来的污水管道或雨水管道。

(5) 检查井和跌水井

检查井的作用是用于清理疏通管道。跌水井主要用于跌落水头超过 1 m 时的分界处。管道由于地形高差相差大，或支线接入埋设较深的主干线时出现较大的跌落水头。

二、居住小区排水管道的布置与敷设原则

1. 居住小区排水管道的布置原则

(1) 排水管道的布置应根据居住小区总体规划下道路、建筑的分布和地形，以及污水和雨水的去向等情况来考虑，要求管线短、埋深小，尽量以自流排水为主。

(2) 如果小区的污水和雨水能自流排入城镇排水管道系统，或者雨水能就近排入水

体，可布置成几条分散管道系统就近排出。若小区污水和雨水需要提升后再排入城镇排水管道系统，或雨水需要提升后排入水体，则排水管道应布置成集中管道系统，即污水由一条干管集中排出，雨水由雨水的干管排出。

（3）排水管道的布置应按小区干管、支管、户前管的顺序进行。干管布置应使各住宅组团或街坊等支管能接入，一般污水干管设在小区主路或市政道路下，雨水管和合流管的干管及支管设在小区道路或市政道路下。支管布置应使各幢建筑的户前管能接入，一般污水管道支管设在住宅组团、街坊道路下。户前管一般布置在建筑物周围的小路下，并平行于建筑物敷设。污水管或雨水管的户前管与建筑物外墙面间的最小净距应符合以下两点：当管道埋深浅于建筑基础时为 1.5 m；当管道埋深深于建筑基础时为 2.5 m。

2. 居住小区排水管道的敷设原则

（1）因污水管道主要是重力流管道，其埋设比其他管线深，且有很多支管，连接处都要设检查井，对其他管线的影响较大，所以在管线综合时，应首先考虑污水管道在平面和垂直方向上的位置。

（2）由于污水管道渗漏的污水会对其他管线产生影响，所以应考虑管道之间的最小净距要求。当其他管线与排水管道有少许相碰时，管道顶部允许做适当压缩后便于各自按原坡度通过。

（3）管道的埋设深度指管底内壁到地面的距离，因为管道埋深越大，工程造价就越高，施工难度也越大，所以管道埋深有一个最大限制，称为最大埋深。

（4）管道的覆土厚度是管道外壁顶部到地面的距离。尽管管道埋深越小越好，但管道的覆土厚度有一个最小限值，称为最小覆土厚度，通常由所在地区的冻土深度、管道的外部荷载、房屋连接管的埋深等因素决定。规范规定，无保温措施的生活污水管道或水温与生活污水接近的废水管道，管底可埋设在冰冻线以上 0.15 m。污水管道在平行道下的最小覆土厚度不宜小于 0.7 m。考虑房屋污水排出管的衔接，污水支管起点埋深一般不小于 0.6～0.7 m。

三、雨水排水系统

1. 雨水排水系统的组成

雨水排水系统主要由房屋的雨水管道系统和设备（主要是收集工业、公共设施或大型建筑的屋面雨水，并将其排入室外的雨水管渠系统中去）、街坊或厂区雨水管渠系统、街道雨水管渠系统、排洪沟和出水口等组成。

屋面的雨水用雨水斗或天沟收集，如图 5—1—2 所示。地面的雨水用雨水口收集，如图 5—1—3 所示。地面上的雨水经雨水口流入街坊、厂区或街道的雨水管渠系统。雨水排水系统的室外管渠系统基本上和污水排水系统相同。同样，在雨水管渠系统也设有检查井等附属构筑物。雨水一般既不处理也不利用，直接排入水体。此外，因雨水径流较大，一般应尽量不设或少设雨水泵站，但在必要时也要设置。

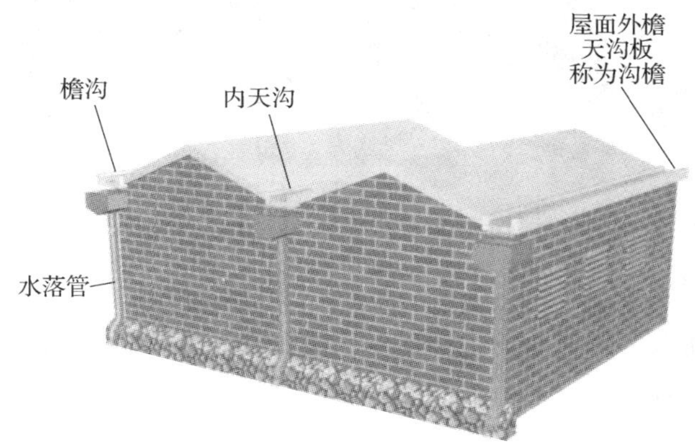

图 5—1—2　用雨水斗或天沟收集屋面雨水

图 5—1—3　地面雨水口

合流制排水系统的组成与分流制相似，同样有室内排水设备、室外庭院或街坊及街道管道系统。住宅和公共建筑的生活污水经庭院或街坊管道流入街道管道系统。雨水经雨水口进入合流管道。在合流管道系统的截流干管处设有溢流井。

2. 居住小区雨水口的布置

居住小区雨水口的布置应根据地形、建筑和道路的分布等情况确定。一般在道路的交汇处、建筑物单元出入口附近、建筑物雨水管附近，以及建筑物前后空地和绿地的低洼点等处宜布置雨水口。建筑物前小路如不设户前雨水管，小路应有坡度坡向设雨水管的道路。

四、小区排水管道材料

室外排水管主要靠重力流，常用管材有混凝土管和缸瓦管。

1. 混凝土管

如图 5—1—4 所示，混凝土管是在雨污水管道中最常用的管材。一般管径超过 400 mm 的多采用钢筋混凝土管，管径较小的雨污水系统采用混凝土管。

图 5—1—4　混凝土管排水管道

2. 缸瓦管

如图 5—1—5 所示，缸瓦管（带釉面）为承插式接口，一般输送酸碱或带腐蚀性的废污水。缸瓦管承压能力低、质脆且易产生裂纹或损坏，施工时应逐根进行检查并敲击。接口材料常用的有沥青砂浆、硫黄水泥等。

图 5—1—5　缸瓦管

室外排水管道的维护管理

1. 排水管道的维护管理工作内容

管理维护工作包括的事项如下：排水管道的验收；监督排水管道使用的执行情况；经常检查排水管道及检查井；对化粪池要定期清理；每年雨季前及每次暴雨后，对排水沟、雨水明沟、雨水口和防洪沟等应进行检查，清除淤积物，保证排水的畅通；排水管道因堵塞必须打洞疏通时，疏通后应将洞封死方能使用；修理管道及其构筑物应采取保障工人健康和安全的措施，预防意外事故的发生等。

2. 排水管道维护中的安全保护措施

排水管道的维护工作必须具有安全保护的措施，因为管道中的污水能析出硫化氢和沼气等有害气体，这些有害气体与空气中的氧混合，能形成爆炸性气体。为此，在管道进行维护之前，必须采取有效措施排除有害气体。例如在工人下井之前，需先将安全灯放入井中，如遇有害气体，由于氧气的缺乏，灯将熄灭；如有爆炸性气体，灯在熄灭前会发出闪光。在这种情况下，任何人都不准进入管道进行维护作业。

3. 室外排水管道堵塞的清通

管道堵塞主要是杂物堵住排污管。维修方法是：首先检查井中的沉积物，并用掏勺清掏，随后采用水力清通、竹劈疏通或机械疏通等方式。

（1）水力清通

利用管中的污水、自来水对排水管道进行冲洗，以清除管内淤积的污物。如用污水冲洗时，常采用冲气球堵塞法进行水力清通。但如果排水管道内有树枝、竹针或玻璃碎片等物时，就会刺破气球，而使疏通工作无法进行。因此最好采用在木板上用绳子捆上毛毡包或用木塞的方法，将管道上游检查井的出口堵住，使井内水位升高，当水位升到1 m左右时，突然抽掉毛毡包或木塞，大量污水即在上游水头作用下以较大的流速将淤泥及污物冲入下游检查井中，然后用吸泥车将其抽走。

水力清通排水管道的方法因操作简便，工效高，工人操作条件较好，因而目前应用较广。

（2）室外排水管道竹劈疏通

这是传统的至今仍广泛使用的一种室外排水管道的疏通方法。一般采用多节竹劈，并将竹劈连接起来，绑扎竹劈的豁口间距约100 mm，豁口约10 mm×10 mm。使用前先将竹节的竹墙剔掉，然后将接好的竹劈从上游检查井插入，从下游检查井抽出，反复推拉几次，将管内的沉积物弄松，使其随水流冲走，或用自制的掏勺掏出。

（3）室外排水管道机械清通

当管内淤积比较严重，淤泥密实，使用水力清通效果不佳时，可以采用机械清通的方法。机械清通法是先以竹劈将系有通管工具的钢丝绳通过需清通的管段拉到另一端检查井中，然后在管段的首尾两井上各设绞车，车上系住钢丝绳，用绞车来回拉动清管工具，管内淤泥即可刮下无遗，清除效果较好。另外还有一种方法，先用泡沫浮球系上细麻绳，投入上游检查井中，使其随管中水流流至下游检查井，捞起浮球，麻绳的另一端则系上钢丝绳，在下游检查井处拉拽麻绳，钢丝绳即可通过需清通的管段拉到另一端检查井中，然后按上述相同方法进行清通。但此法劳动强度大，工作条件差。

清通工具种类很多，有拉砂筒、铁簸箕、滑架、弹簧刀、铁锚、橡胶刷和钢丝刷等，如图 5—1—6 所示。

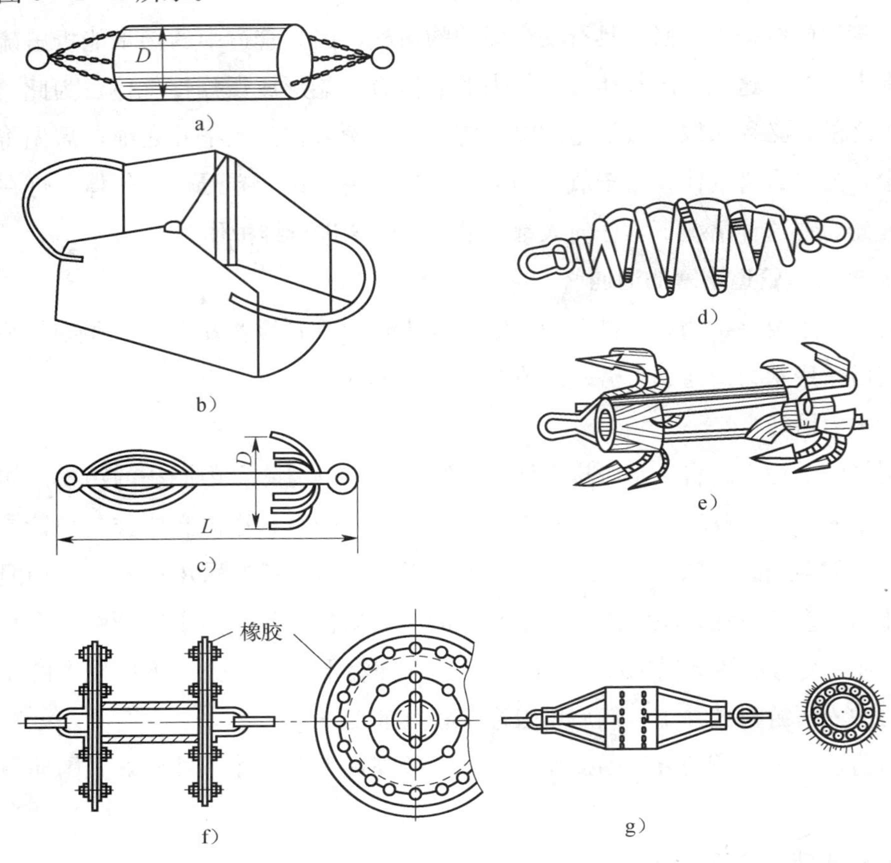

图 5—1—6　清通排水管道的工具

a）拉砂筒　b）铁簸箕　c）滑架　d）弹簧刀

e）铁锚　f）橡胶刷　g）钢丝刷

思考与练习

1. 简述居住小区的排水管道系统的组成。
2. 简述雨水排水系统的组成。
3. 管道堵塞的主要维修方法有哪几种？
4. 简述居住小区排水管道的布置原则。
5. 简述排水管道的维护管理工作内容。
6. 简述排水管道维护中的安全保护措施。

第 2 节　排水系统附属构筑物管理维护

为了便于小区排水系统的运行和管理，要在排水系统管道上适当设置构建物。排水系统中附属构筑物是重要的组成部分，通常有检查井、化粪池、跌水井和雨水口等。

一、检查井

1. 检查井的作用

（1）便于定期维修及清理疏通管道。

（2）在直线管段起连接管道作用。

（3）管道汇流处可起三通、四通的作用。

2. 检查井的设置

检查井设置在排水管道的交汇处、转弯处和管径、坡度及高程变化处，以及直线管段上每隔一定距离处。检查井在直线管段上的最大间距见表 5—2—1。相邻两个检查井之间的管段应在一条直线上。

表 5—2—1　检查井的最大间距

管径或暗渠净高（mm）	最大间距（m）	
	污水管道	雨水（合流）管道
200～400	30	40
500～700	50	60
800～1 000	70	80
1 100～1 500	90	100
＞1 500	100	120

3. 检查井的基本结构

检查井一般为圆形，由井底（包括基础）、井身和井盖（包括盖底）三部分组成，如图 5—2—1 所示。

检查井的基础由碎石、砖块和混凝土制成，基础设置底板，板上做连接上下游管道的弧形明槽。明槽高度与管顶相平，明槽两侧边应留 200 mm 宽度，以利维修人员立足之用，并应有 0.02～0.03 的坡度，以免淤泥沉积。

如图 5—2—2 所示，检查井井身的材料可采用砖、塑料或钢筋混凝土等，井身的平

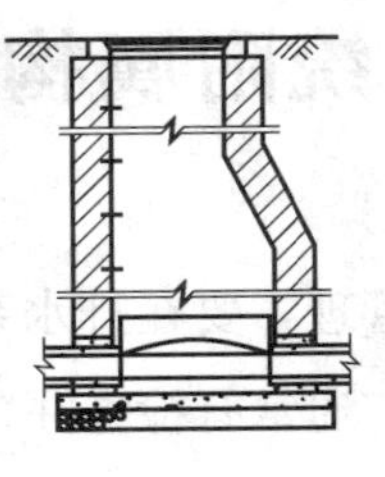
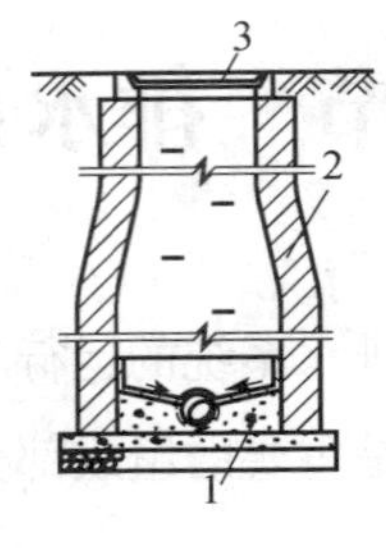

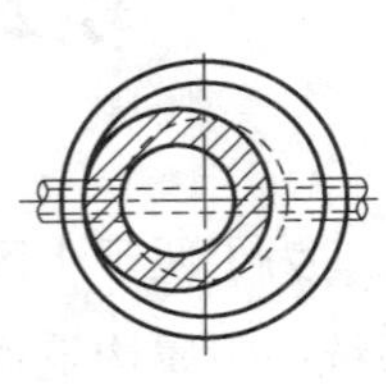

图 5—2—1　检查井

1—井底　2—井身　3—井盖

面形状一般为圆形，但在大直径管道的连接处或交汇处，可做成方形、矩形或其他各种不同的形状。图 5—2—3 所示为矩形污水检查井。

a）

b）

c）

图 5—2—2　不同材料污水检查井

a）钢筋混凝土检查井　b）砖砌检查井　c）塑料检查井

图 5—2—3　矩形污水检查井

井身的构造与是否需要工人下井有密切关系。不需要下人的浅井，一般为直壁圆筒形；需要下人的井在构造上可分为工作室、渐缩部和井筒三部分，如图 5—2—1 所示。工作室是养护人员养护时下井进行临时操作的地方，不应过分狭小，其直径不能小于 1 m，其高度在埋深许可时一般为 1.8 m。井筒直径不应小于 0.7 m。井筒与工作室之间可采用锥形渐缩部连接，渐缩部高度一般为 0.6～0.8 m。为便于上下，井身在偏向进水管渠的一边应保持一壁直立。

检查井井盖可采用铸铁或钢筋混凝土材料，在车行道上一般采用铸铁井盖。为防止雨水流入，盖顶略高出地面。盖座采用铸铁、钢筋混凝土或混凝土材料制作。图 5—2—4 所示为铸铁井盖及盖座，图 5—2—5 所示为钢筋混凝土井盖及盖座。

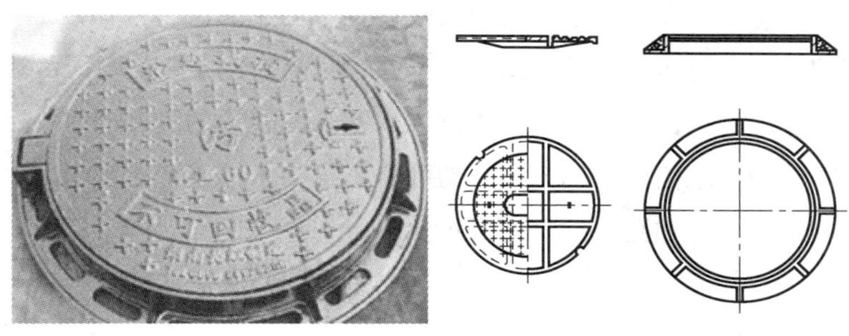

图 5—2—4　铸铁井盖及盖座

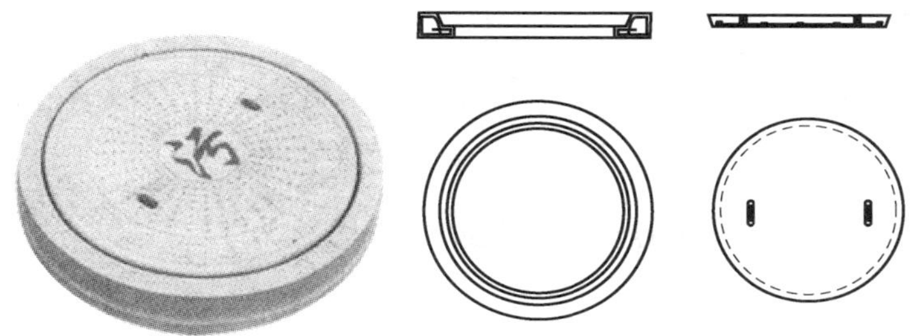

图 5—2—5　钢筋混凝土井盖及盖座

二、化粪池

1. 化粪池的作用

检查井中截留的污泥，称为生污泥，不能直接用作农业肥料。同时，污泥（粪便）的清掏工作量也是较大的。在小区街道内可修建简单处理构筑物，使生活污泥在构筑物内进行厌气分解成为熟污泥，这种处理构筑物称为化粪池。

建有化粪池的小区排水管道，如图 5—2—6 所示。小区中各建筑物的污水全部排至化粪池里，使污泥在化粪池内沉淀，污水从池表面流至城市排水干管。粪便在化粪池内停留一定时间后经厌气分解成为熟污泥，该污泥由污泥车定期用污泥泵抽到车上的污泥罐内运走，可做农业肥料。

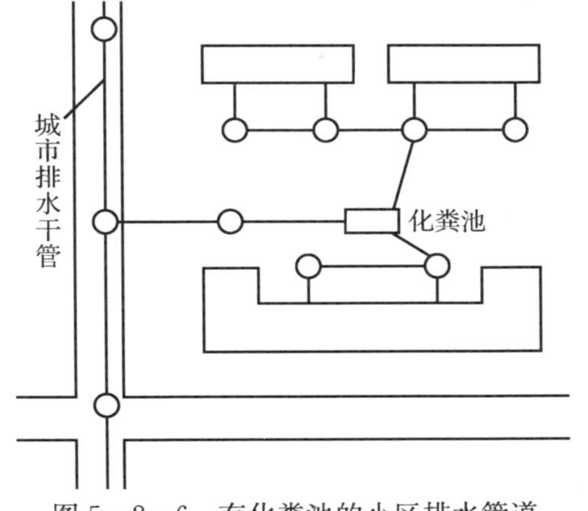

图 5—2—6　有化粪池的小区排水管道

2. 化粪池的结构

化粪池有圆形和矩形两种，圆形化粪池内分为两格，矩形池内分为两格或三格，第一格和第三格供粪便污泥继续沉淀和污水澄清用。

分格的隔墙顶部设有通气孔，使池内粪便发酵过程中产生的有害气体经通气孔排入大气中。隔墙中部偏下设有过水孔或琵琶弯——化粪池内的专用管，使清液由前室流到后室，同时可拦阻底部污泥粪便和顶部浮渣进入后室。化粪池的进水管和出水管均为丁字管，进水管的下口伸至水面以下 0.5 m，既可防止扰动水面浮渣层，又可不搅起底层的污泥粪便。化粪池的构造如图 5—2—7 所示。

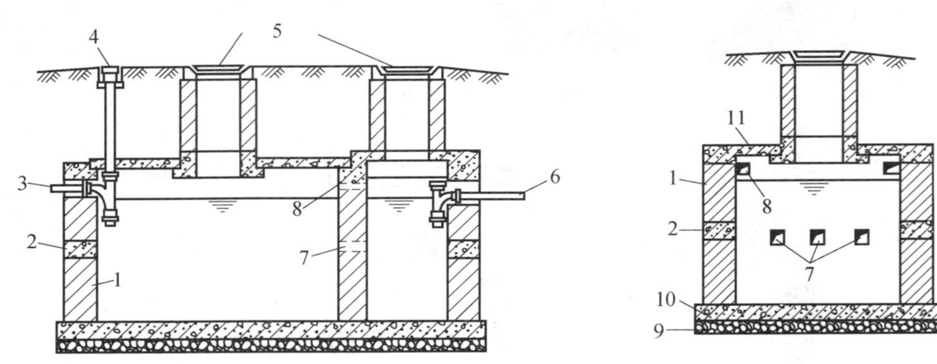

图 5—2—7　化粪池的构造

1—池壁　2—圈梁　3—进水管　4—清扫口　5—检查井　6—出水管

7—过水孔　8—通气孔　9—垫层　10—池底板　11—池盖板

根据规定，化粪池的深度（从水面至池底距离）不得小于 1.3 m，宽度不得小于 0.75 m，长度不得小于 1.0 m。化粪池可用砖、石、混凝土等材料砌筑或浇筑而成，池壁应采取防渗漏措施。

化粪池通常设在建筑物背面靠近卫生间的地方，应尽量隐蔽，不宜设在人们经常活动或逗留的地方。化粪池壁距地下取水构筑物不得小于 20 m，距建筑物外墙不宜小于 5 m。如受条件限制，化粪池距建筑物距离可酌情减小，但不能妨碍环境卫生和建筑物基础。

化粪池的选择就是确定采用化粪池的型号。化粪池的使用规格与使用人数、建筑物的性质及每人每天所排出的污水量有关，还与污水在化粪池中停留的时间长短及多长时间掏一次污泥等有关，一般应经详细计算确定。如果采用估算方法，可参照表 5—2—2 进行选择。

3. 化粪池维护时应注意的问题

（1）要严格按设计时所选定的污泥清掏周期掏取污泥。

（2）每次掏泥须留下约 20％的熟污泥在池内，这有利于保证池处理功能。

（3）每次掏泥后要将井盖盖好，既有助于池内污水保温，又能保证安全。

表 5—2—2　化粪池的型号及最大使用人数

型号	有效容积 (m^3)	建筑物性质及最大使用人数			
		医院、疗养院、幼儿园（有住宿）	住宅、集体宿舍、旅馆	办公大楼、教学楼、工业企业生活间	公共食堂、影剧院、体育场
1	3.75	25	45	120	470
2	6.25	45	80	200	780
3	12.50	90	155	400	1 600
4	20.00	140	250	650	2 500
5	30.00	210	370	950	3 700
6	40.00	280	500	1 300	5 000
7	50.00	350	650	1 600	6 500

三、跌水井

跌水井是设在排水管道的高程突然下落处的窨井，在井中，上游水流从高处落向低处，然后流走，故称跌水井，如图 5—2—8 所示。同普通窨井相比，跌水井需消除跌水的能量，这一能量的大小取决于水流的流量和跌落的高度。跌水井的构造有不同的设计，取决于消能的措施，其井底构造比普通窨井坚固。设置跌水井时要满足下列要求：

1. 当排水管跌水水头为 1.0～2.0 m 时，宜设跌水井；跌水水头＞2.0 m 时，应设跌水井。管道转弯处不宜设跌水井。

2. 排水管中流速过大，需要加以调节处。

3. 支管接入高程较低的干管处。

4. 管道遇地下障碍物，必须跌落通过处。

5. 当淹没排放时，在水体前的最后一个井。

四、雨水口

雨水口是指管道排水系统汇集地表水的设施，是设置在雨水管渠或合流管渠上收集雨水的构筑物，由进水箅、井身及支管等组成，是雨水系统的基本组成单元。道路、广场草地，甚至一些建筑的屋面雨水首先通过箅子汇入雨水口，再经过连接管道流入河流或湖泊。雨水口是雨水进入城市地下的入口，是收集地面雨水的重要设施。

雨水口的形式如图 5—2—9 所示，雨水口主要有平箅式和立箅式两类。平箅式水流通畅，但暴雨时易被树枝等杂物堵塞，影响收水能力。立箅式雨水口不易堵塞，边沟需保持一定水深。

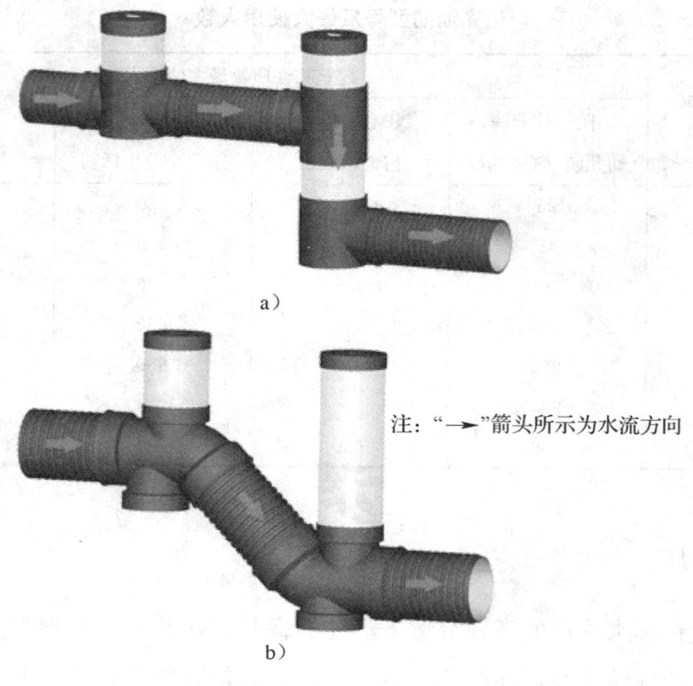

a）

b）

图 5—2—8 跌水井

a）有口井筒系列跌水井 b）上、下弯头系列跌水井

a） b）

图 5—2—9 雨水口的形式

a）平箅式 b）立箅式

室外排水管道的维护管理

1. 室外排水设施的维修保养规定

（1）室外排水管道每半年全部检查一次，水管通畅无阻塞，若有阻塞，应清除杂物，若管道坡度不正确，应重新铺设。

（2）明暗沟每半年全面检查一次，沟体应完好，盖板应齐全。

（3）排水、雨水井、化粪池每季度全面检查一次，半年对易锈蚀的雨污水井盖、化粪池盖刷一次黑漆防锈，保持雨污水井盖标识清楚，路面井盖要做防震垫圈。

（4）室外喷水池每月检查保养一次，要求喷水设施完好，喷水管道无锈蚀。

（5）雨污水管每月检查一次，每次雨季前检查一次。

（6）每4年油漆水管一次，要求水管无堵塞、漏水或渗水，流水通畅，管道接口完好，无裂缝。

2. 室外排水管道漏水、沉陷和返水故障的维修

（1）漏水的维修

排水管道漏水可根据室外排水管道的材质、管道直径及漏水量的大小，采用打卡子、糊玻璃钢（见图5—2—10）或用混凝土加固等方法进行维修，必要时则可采用换管维修的方法。

图5—2—10　糊玻璃钢

（2）沉陷的维修

敷设管道时因地基不稳固或土壤不密实，以及在回填土时管道两侧土壤不密实等，都能引起排水管道的沉陷故障。维修的方法是：当发生明显沉陷时，必须按有关规定进行管道基础处理，即在管道下面垫150～300 mm的矿渣或碎石并夯实，以保证基础的稳固，然后再进行管道的整坡处理。

（3）管道坡度做反形成返水故障的维修

管道坡度做反形成返水的故障常见于新建的房屋建筑中，主要原因是未按图样要求放坡，或沟底未做垫层，加上接口封闭不严，管道渗漏而造成不均匀下沉，造成排水不畅，严重时会引起水倒流，污水外溢。维修方法是按设计图样和规范要求重做。

思考与练习

1. 排水系统中附属构筑物主要包括哪些?
2. 简述检查井的组成。
3. 排水管道上的检查井有哪些作用?
4. 简述化粪池的维护应注意的问题。
5. 简述室外给排水设施的维修保养规定。